小小的 Python 编程故事

毛雪涛 丁毓峰 编著

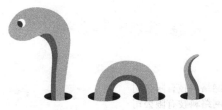

电子工业出版社
Publishing House of Electronics Industry
北京·BEIJING

内 容 简 介

本书是写给孩子看的 Python 编程书，共包括 54 章，分为三个部分。基础部分包含了 Python 编程环境的搭建、第一个 Python 程序的展示、程序的调试方法、异常的处理、Python 的基本数据类型和运算符，还包含了基本程序控制结构、类的使用以及常见模块的使用等内容。

实战部分包含了 Python 循环的应用、冒泡排序和选择排序等基础算法、文件操作、系统信息获取，还包含了图形用户界面编程、正则表达式、多线程程序设计，以及网络编程、数据库编程等内容。

提高部分包含了蒙特卡罗算法、欧几里得算法、递归算法、狄杰特斯拉算法、贪心算法、KNN 算法以及并行计算等内容，这些内容可能会有一些难度，但对于那些喜欢计算科学的读者来说起到了启蒙的作用。

本书适合没有任何编程基础的人学习使用，尤其适合孩子、文科生等非计算机专业的人员使用。

未经许可，不得以任何方式复制或抄袭本书之部分或全部内容。
版权所有，侵权必究。

图书在版编目（CIP）数据

小小的 Python 编程故事 / 毛雪涛，丁毓峰编著. —北京：电子工业出版社，2019.1
ISBN 978-7-121-35401-4

Ⅰ．①小… Ⅱ．①毛… ②丁… Ⅲ．①软件工具－程序设计 Ⅳ．①TP311.561

中国版本图书馆 CIP 数据核字（2018）第 253126 号

策划编辑：张月萍
责任编辑：牛　勇
印　　刷：北京盛通商印快线网络科技有限公司
装　　订：北京盛通商印快线网络科技有限公司
出版发行：电子工业出版社
　　　　　北京市海淀区万寿路 173 信箱　　　邮编：100036
开　　本：787×980　1/16　　印张：18.75　　字数：420 千字
版　　次：2019 年 1 月第 1 版
印　　次：2021 年 1 月第 5 次印刷
定　　价：69.00 元

凡所购买电子工业出版社图书有缺损问题，请向购买书店调换。若书店售缺，请与本社发行部联系，联系及邮购电话：(010) 88254888，88258888。
质量投诉请发邮件至 zlts@phei.com.cn，盗版侵权举报请发邮件至 dbqq@phei.com.cn。
本书咨询联系方式：010-51260888-819，faq@phei.com.cn。

前　言

如今，计算机的应用已经无处不在，而创造这些应用的人将是未来的主宰，因为计算机应用的基础是程序设计。

牛津大学在 2013 年发布了一项报告，预测未来 20 年里将有一半的工作被机器取代。2014 年，英国把图形化编程纳入了 5 岁以上小朋友的必修课。欧洲其他的一些国家也将编程课纳入了初等义务教育中。编程将和目前的英文一样，成为一种基本能力。

编程可以使孩子拥有更严谨的思维，能让孩子努力理解看不见摸不着的数据结构，能锻炼孩子从具体到概括的抽象能力，也能训练孩子独立钻研问题的能力。

另外，学习编程也能建立孩子对于计算机的正确认识——它不是专门用来玩游戏的游戏机，它是一种生产工具，而且这种生产工具还能够生产高级的产品——程序。

2017 年 7 月，国务院印发了关于《新一代人工智能发展规划》的通知，提出了面向 2030 年我国新一代人工智能发展的指导思想。通知指出"实施全民智能教育项目，在中小学阶段设置人工智能相关课程，逐步推广编程教育，鼓励社会力量参与寓教于乐的编程教学软件、游戏的开发和推广。"人工智能建立在计算机科学的基础之上。

细数当今影响人类的科技巨头，IBM、谷歌、微软、苹果、华为、阿里巴巴、腾讯、百度、小米等，全都和计算机科学相关，它们代表了当今社会发展的潮流。要想跟上潮流的步伐，一个比较一致的意见是——学习编程，越早越好！

目前已经出现的程序设计语言估计有上百种了吧！但是我还是推荐 Python。为什么推荐学习 Python 语言不用多说。正如它的官方网站上的简短描述：Python 强大、快速；兼容性好；可移植；友好、易学；开放。总之，Python 是一门越来越流行的程序设计语言。

介绍Python的各种书籍层出不穷，然而，学习一门程序设计语言从来都不是一件容易的事，对于广大读者来说，技术书籍总是缺少那么一点点生趣。本书就是专门为了解决这一问题而创作的。它采用生活化的语言讲述Python程序设计的知识，从基础开始一直讲到算法。

兴趣是最好的老师，但枯燥的灌输很快就会将兴趣浇灭。为了维持读者的学习兴趣或者说帮助读者们坚持读完本书，作者绞尽脑汁，将Python知识与一个个的小故事联系起来，并最终解决问题。

关于本书

这是一本适合少年儿童学习的程序设计语言入门书籍。它像一本故事书一样，利用短小的篇幅，让读者了解到他们正在学习的Python知识如何与现实生活联系起来。

全书没有严肃的教条，没有大篇幅的理论，也没有生涩的专业术语，力求让目标读者阅读起来没有压力。

本书共安排了54章。虽然Python语言是一门系统化的课程，但是54个章节基本上都可单独阅读。如果读者已经学习过部分Python的内容，完全可以根据自己的程度，从任何一个章节开始阅读本书，从而节省宝贵的时间。

读者服务

轻松注册成为博文视点社区用户（www.broadview.com.cn），扫码直达本书页面。

- **下载资源**：本书中部分图片的彩色版本可在下载资源处下载。
- **提交勘误**：您对书中内容的修改意见可在提交勘误处提交，若被采纳，将获赠博文视点社区积分（在您购买电子书时，积分可用来抵扣相应金额）。
- **交流互动**：在页面下方读者评论处留下您的疑问或观点，与我们和其他读者一同学习交流。

页面入口：http://www.broadview.com.cn/35401

目 录

第1章　启程：Python 之旅 1

　　1.1　懒散的壳：Python IDLE Shell 1
　　1.2　小小的成绩单：Python 程序演示 . 2

第2章　捉虫子：调试程序 5

　　2.1　小小的沉思：bug 和 debug 5
　　2.2　错在哪？打印调试信息 6
　　2.3　使用 IDLE 的 Debugger 工具 9

第3章　一个"假程序"：代码注释 11

　　3.1　诗词填空：单行注释 11
　　3.2　牛牛的程序 12

第4章　漂亮的展示牌：输入、输出和处理 14

　　4.1　漂亮的展示牌：输出 14
　　4.2　接受你的请求：输入 15
　　4.3　程序存在的意义：处理 16

第5章　动物园里动物多：数据类型 17

　　5.1　狮子、老虎和大象：标准数据类型 17
　　5.2　牛牛的牛爷爷：数值类型 19

第6章　神秘的 X 生物：变量的命名和赋值 21

　　6.1　变量的命名规则 21
　　6.2　X 馆和神秘生物：变量赋值 23

第7章　弟弟的作业题：算术运算和算术赋值 24

　　7.1　算术运算符 24
　　7.2　二进制的魔术：位运算 26
　　7.3　赋值运算符 27

第8章　真真假假：比较运算和逻辑运算 29

　　8.1　真和假：逻辑 29

| 8.2 | 能够组成三角形吗 .... 30 |
| 8.3 | 逻辑运算 .... 31 |

第 9 章　有身份的 MVP：成员、身份和优先级 34

9.1	篮球梦的开始：成员运算符 34
9.2	谁是 MVP：身份运算符 35
9.3	运算符的优先级 37

第 10 章　我的世界：字符编码和字符串 39

10.1	从数值到符号：编码 39
10.2	小小的 1000 只羊：字符串 41
10.3	没烦恼的诗人：转义字符 43
10.4	字符串函数 44

第 11 章　王者的药：条件控制 47

| 11.1 | 健康系统：if 语句 .... 47 |
| 11.2 | 健康系统加强版：if 语句的嵌套 .... 48 |

第 12 章　阿波菲斯的剑鞘：列表 51

12.1	物品列表 51
12.2	了解自己的物品：列表的函数 .. 53
12.3	新的物品：列表的操作 54

第 13 章　小小蛋糕店：元组和区间 57

13.1	第一个菜单：建立元组 57
13.2	请问第 4 种是什么蛋糕 58
13.3	各式各样的菜单 60
13.4	等差数列的创造者：range() 61

第 14 章　老狼老狼几点了：循环结构 63

14.1	没完没了：while 语句 63
14.2	老狼该休息了：for 语句ˏ............ 65
14.3	小花的脾气：break、continue 和 pass 66

第 15 章　同学通讯录：字典 68

15.1	制作通讯录：字典和键值对 68
15.2	通讯录的作用：访问字典元素 .. 70
15.3	记录了多少同学 72
15.4	一个变两个：字典的复制 72

第 16 章　飞越地平线：基本队列 75

| 16.1 | 乐园永恒的主题：创建队列 ..... 75 |
| 16.2 | FIFO：队列的基本性质 .... 76 |

第 17 章　小小建筑师：函数与参数传递 79

| 17.1 | 墙壁和地板：函数的定义和调用 .... 79 |
| 17.2 | 参数传递 .... 81 |

第 18 章　幸运大转盘：随机数发生器 ... 85

18.1	谁是幸运顾客：choice() 85
18.2	免费的蛋糕：sample() 86
18.3	洗牌：shuffle() 87

第 19 章　爷爷的怪蛋糕：类和对象 89

19.1	蛋糕模板：类的定义 89
19.2	制造蛋糕：创建对象 91
19.3	如何制造蛋糕？构造方法 91

第 20 章　蛋糕家族：类的继承 94

20.1　古怪蛋糕也是蛋糕 94
20.2　这是遗传：继承的特性 96

第 21 章　特工联盟：模块 99

21.1　联盟条约：什么是模块 99
21.2　联盟宣言：模块内的变量和程序 101
21.3　模块的其他特征 103

第 22 章　妈妈生日快乐：日期和时间 ... 105

22.1　5 月的日历 105
22.2　母亲节是哪一天 108
22.3　顾客驾到：记录当前时间 109
22.4　时间元组和时间戳 110

第 23 章　警报，警报：异常处理 112

23.1　小小的错误：语法错误 112
23.2　非正常行为：异常 113
23.3　异常捕手：异常处理 115
23.4　个性化的异常处理 116
23.5　小小的恶作剧：抛出异常 120

第 24 章　鸡兔同笼：循环的应用 122

24.1　雉兔各几何 122
24.2　更多的笼子 123
24.3　"鸡兔同笼"游戏 124

第 25 章　步数排行榜：冒泡排序 125

25.1　前后交换：冒泡排序的基本操作 125

25.2　改良的冒泡排序 128

第 26 章　销量排行榜：选择排序 130

26.1　销量冠军：求最大项 130
26.2　选择排序 132
26.3　选择排序和冒泡排序哪个更快 133

第 27 章　程序员的暴力：穷举法 135

27.1　百钱买百鸡 135
27.2　破解通关密码 137

第 28 章　开心森林：最短路径问题 ... 139

28.1　乘车路线图 139
28.2　图的代码实现 140
28.3　广度优先搜索 141

第 29 章　小小日记本：文件基本操作 ... 144

29.1　创建日记本 144
29.2　写日记：写入文件 146
29.3　翻看旧日记：读取文件 147
29.4　读取指定日记 148

第 30 章　识得庐山真面目：与系统打交道 150

30.1　系统信息：OS 常用方法 150
30.2　文件系统信息 151
30.3　调用系统命令 152

第 31 章　高级身份牌：GUI 编程初步 ... 154

31.1　提拉米苏的身份牌 154

31.2 舒芙蕾的身份牌：Text 156
31.3 更多的小部件 158

第 32 章 一触即发：事件编程 159
32.1 蛋糕列表：Listbox 159
32.2 程序的感知：事件响应 160

第 33 章 印象派：Canvas 绘图 163
33.1 一条直线：Canvas 初探 163
33.2 标注坐标点：绘制文字 165
33.3 方块和椭圆 166

第 34 章 三国名人录：绘制图像 168
34.1 神机妙算诸葛亮 168
34.2 三国名人录 169

第 35 章 生命在于运动：Canvas 动画 172
35.1 Just move 172
35.2 上下左右：控制动画 174

第 36 章 超强背景音：播放声音 176
36.1 播放 wav 文件 176
36.2 pip 和 pygame：安装外部模块 .. 178
36.3 蛋糕店的主题曲：播放 mp3 .. 179

第 37 章 猜数游戏：GUI 应用 181
37.1 音乐和音效 181
37.2 游戏的交互：事件处理 183
37.3 游戏界面 185

第 38 章 散文中的动词：正则表达式 ... 187
38.1 找到杨柳、燕子和桃花 187
38.2 找到"动词"：正则表达式的模式 189

第 39 章 小小的爬虫：正则表达式的应用 192
39.1 切割网页：为匹配做准备 192
39.2 找出文字中的链接：正则匹配 ... 193

第 40 章 大蛇卡丁车：多线程 195
40.1 赛况直播：了解多线程 195
40.2 小小的秘密武器：线程锁 198

第 41 章 您有一个包裹：JSON 处理 ... 201
41.1 小小的礼物：JSON 编码 201
41.2 吉森的回信：解析 JSON 203

第 42 章 来自蛋糕店的问候：Web 服务器与 CGI 程序 205
42.1 网站的基础：Web 服务器 205
42.2 蛋糕店的问候：第一个 CGI 程序 207

第 43 章 为顾客服务：GET 和 POST ... 210
43.1 填写蛋糕的名字：客户表单 ... 210
43.2 客户表单处理程序 211
43.3 隐藏信息的传递方式：POST ... 214

目 录

第44章 小i是个机器人：socket 编程 215

- 44.1 给小i发送消息：客户端 215
- 44.2 小i的回答：服务器 217

第45章 小小伊妹儿：邮件发送程序 ... 220

- 45.1 "吉森，你好！"：文字邮件 ... 220
- 45.2 小小的近照：发送附件 223

第46章 信息大爆炸：初识数据库 ... 226

- 46.1 什么是数据库 226
- 46.2 挠痒痒：连接 MySQL 数据库 ... 229

第47章 聪明的 BOSS：数据库应用 .. 233

- 47.1 First of All：创建数据库 233
- 47.2 Drop：删除数据库 235
- 47.3 员工与蛋糕：创建数据表 236
- 47.4 添加第一个员工 240

第48章 大厨的"派"：随机数的应用 246

- 48.1 神秘的厨师：蒙特卡罗 246
- 48.2 派和 π：蒙特卡罗法应用 247

第49章 欧几里得算法：辗转相除 ... 249

- 49.1 操场划分：最大公约数 249
- 49.2 最小公倍数 251

第50章 汉诺塔问题：递归的应用 253

- 50.1 简化的汉诺塔：三阶刚刚好 ... 253
- 50.2 汉诺塔问题的步骤数 256

第51章 别针换摩托：迪杰特斯拉算法 259

- 51.1 交换大会：有向加权图 259
- 51.2 小 D 的办法：最优路径 262
- 51.3 "换"梦成真：最优路径算法 ... 264

第52章 验证哥德巴赫猜想：并行计算 267

- 52.1 什么是哥德巴赫猜想 267
- 52.2 充分利用 CPU：并行计算 ... 269

第53章 小小旅行家：贪心算法 273

- 53.1 旅行商问题 273
- 53.2 环球旅行：贪心算法 275

第54章 电影分类和猜蛋糕：KNN 算法 279

- 54.1 你会看电影吗？特征抽取 279
- 54.2 和哪部电影最像？分类 280
- 54.3 做多少蛋糕才合适？回归 282

附录 A 如何安装 Python 285

第1章
启程：Python 之旅

你好，我是一个和你一样的中学生，我的爱好是看书、画画、制作蛋糕和编程。我喜欢用程序来解决学校和生活中的事情。我有许多好朋友，我经常和他们一起讨论功课和蛋糕。我的梦想是开一家小小的蛋糕店。我叫小小。

1.1 懒散的壳：Python IDLE Shell

小小的 Windows 系统下已经安装了非常多的程序，Python 是他最喜欢的一个。Python 是干什么用的呢？先打开看看再说吧！

单击"所有程序"，可以在菜单中找到 Python 3.6 这个文件夹图标，单击展开 Python 3.6 文件夹，可以发现下面有几个 Python 条目，如图 1.1 所示。

图1.1　启动Python IDLE

其中，IDLE(Python 3.6 64-bit)是 Python 的图形界面开发环境；Python 3.6(64-bit)是字符界面开发环境；Python 3.6 Manuals(64-bit)和 Python 3.6 Module Docs(64-bit)分别是 Python 的用户文档和模块文档。

首先，我们打开 IDLE 这个被称为"空闲"的程序。IDLE 默认启动界面为 Python IDLE Shell，如图 1.2 所示。Shell 是外壳的意思，这很形象地说明了这个程序是用来包裹 Python 内含的复杂机制，而给用户提供光鲜的图形界面的。用户在 Shell 中可以与 Python 内核进行交互。

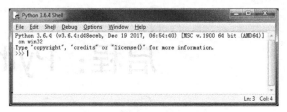

图1.2　Python IDLE Shell

可以看到，界面中">>>"符号后面有一个闪烁的光标。">>>"是 Python 的提示符，光标指示程序等待键入信息。在">>>"符号后面输入下面代码：

```
print ("我的名字")
```

输入完成后，按回车键，就会运行这行代码，运行结果如图 1.3 所示。

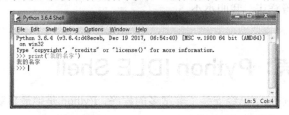

图1.3　在Python IDLE Shell环境下运行程序

你键入的这行文本是一个简单的 Python 语句，它会输出（print）你输入的消息。print 是命令的名称，这是一个用于输出的命令。后面括号中的部分为要输出的内容，内容用引号括起来，是为了表示它只是一串字符。你可以在引号中放任何内容，然后把它输出到屏幕上。

今后，懒散的壳（IDLE Shell）会陪伴我们很长时间。

1.2　小小的成绩单：Python 程序演示

"Python 好简单呀！"正说着，你可能已经输出了各种各样的字符。不过，Python 可不是你想象中的那么简单，据说 Python 是人工智能的首选语言呢！

Python 这么厉害，小小有点不相信，他打算让程序做一件事情：输出自己的成绩单。首先输出学生名字，然后再输出语文、数学和英语三门主课的成绩，并且计算总分，最后输出三门课的最高分、最低分和平均分。Python 会怎么做呢？Python IDLE 有一个妙招！

打开 Python IDLE Shell，选择 File 菜单下的 New File 菜单项，如图 1.4 所示。

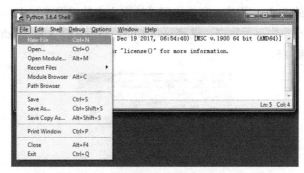

图 1.4　File 菜单

这时会弹出一个新的空白窗口，如图 1.5 所示。注意，这个窗口中只有一个光标，没有">>>"提示符，窗口标题栏也没有 Shell 字样。这是一个编辑窗口。

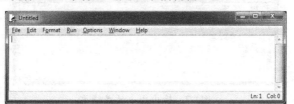

图 1.5　程序编辑器

选择 File 菜单下的 Save 菜单项，将这个编辑窗口保存为一个 Python 程序文件，并保存在 C:\Workspace\Chapter1 目录下，文件名为 hello.py。然后在窗口中输入以下代码：

```
#在屏幕上输出姓名和成绩
score = [80,70,90]              #定义变量 score
min_grade = None                #定义变量 min_grade 最低分
max_grade = None                #定义变量 max_grade 最高分
sum_grade = 0.0                 #定义变量 sum_grade 总分
print ("我的名字是：小小。")     #输出相关信息
print ("本次考试我的语文成绩：%d"%score[0])
print ("          数学成绩：%d"%score[1])
print ("          英语成绩：%d"%score[2])
sum_grade = score[0]+ score[1]+score[2]       #求总分
ave_grade = sum_grade / 3       #求平均分
min_grade=score.index(min(score))             #最低分
```

```
max_grade=score.index(max(score))        #最高分
print ("总  分:", sum_grade)              #输出总分
print ("最高分:", score[max_grade])       #输出最高分
print ("最低分:", score[min_grade])       #输出最低分
print ("平均分:", ave_grade)              #输出平均分
```

这就是一个完整的 Python 程序，它的作用是输出小小的成绩单。具体每条程序语句的含义后面会详细介绍。现在，先运行程序。选择菜单 Run，然后选择 Run Module 菜单项，如图 1.6 所示。也可以按快捷键 F5。

图1.6　运行Python程序

运行后结果显示在 Shell 窗口中，如图 1.7 所示。

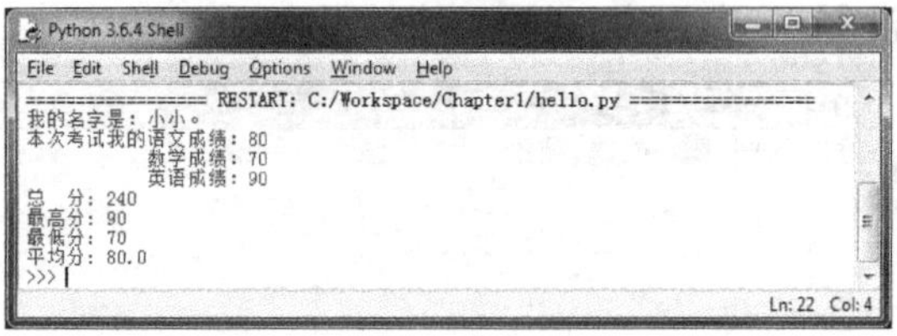

图1.7　输出小小的成绩单

小小同学这次考试三门课的成绩以及成绩统计信息都清楚地显示在窗口中。程序执行完毕后，熟悉的光标又开始在提示符后面闪烁了。这时，你可以继续在光标处输入 Python 命令并执行，如图 1.8 所示。

图1.8　继续执行命令

知道了这些，我们就可以开始伟大的 Python 之旅了。

第 2 章

捉虫子：调试程序

阅读了前面的内容后，小小同学觉得自己可以写 Python 程序了，他决定先写一个"hello，提拉米苏！"程序。代码只有一行：

```
print("hello，提拉米苏！")
```

可是运行后却出，错，了！

2.1 小小的沉思：bug 和 debug

小小的"hello，提拉米苏！"程序在 IDLE 中运行时出错了，弹出了一个警告框，如图 2.1 所示。

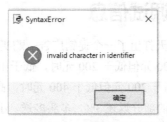

图2.1 警告框

这个警告的意思是有语法错误，就是说，你写的代码，Python 的 IDLE 看不懂！IDLE 在运行 Python 程序时会先检查一遍代码，发现其中存在语法错误会给出错误警告。小小仔细检查了一遍代码，发现 print() 中的引号似乎写得不对。于是他把代码修改了一下：

```
# 引号错误：print（"hello，提拉米苏！"）
print("hello,提拉米苏！")
```

将引号改为英文的引号，再次运行就成功了，如图 2.2 所示。

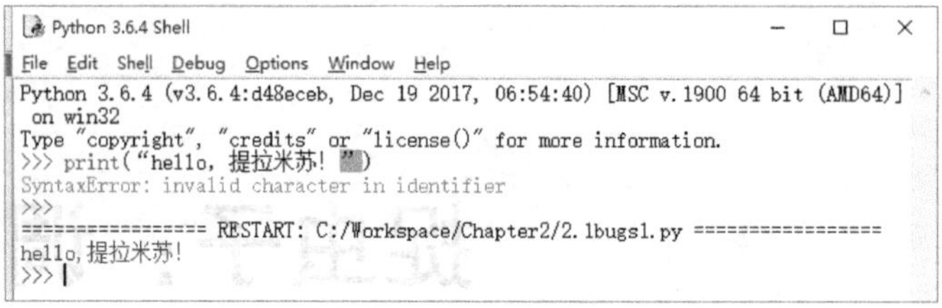

```
Python 3.6.4 Shell                                              —   □   ×
File Edit Shell Debug Options Window Help
Python 3.6.4 (v3.6.4:d48eceb, Dec 19 2017, 06:54:40) [MSC v.1900 64 bit (AMD64)]
on win32
Type "copyright", "credits" or "license()" for more information.
>>> print（"hello,提拉米苏！ ）
SyntaxError: invalid character in identifier
>>>
================= RESTART: C:/Workspace/Chapter2/2.1bugs1.py =================
hello,提拉米苏！
>>>
```

图2.2   "hello，提拉米苏！"程序正确运行了

虽然程序正确运行了，可是小小却陷入了沉思："这个程序只有一行代码，那如果编写更复杂的程序，如何才能保证代码不出错呢？"答案是："无法保证！"有人统计过，一次就编写成功没有错误的程序大约只有 1%。代码越长，出错的可能性就越大。这真是太糟糕了！不过反过来想，我们心理也平衡了，毕竟自己写的程序出错了也并不是什么稀奇的事。

我们虽然无法保证程序不出错，但是仔细检查代码，还是可以找出其中的错误的，然后改正它们。

在实际编程中，程序中出现的错误可没有这里的错误这么简单，成千上万行的代码中会出现千奇百怪的错误，让人防不胜防。这些错误就像一群藏在程序中的虫子，在英文中被称作 bug。有的 bug 很简单，看看出错信息就可以知道问题出在哪，有的 bug 很复杂，需要知道在出错时，哪些变量的值是正确的，哪些变量的值是错误的。因此，需要通过一定的手段来修复 bug，这个过程叫作调（tiao）试，在英文中叫作 debug。

2.2 错在哪？打印调试信息

小小家门口有家蛋糕店，今天打出了一个促销广告：购买蛋糕总价小于或等于 100 元时，返还 10%现金；购买总价高于 100 元但低于 200 元时，低于 100 元的部分返还 10%，高于 100 元的部分返还 7.5%；购买总价高于 200 元但低于 400 元时，高于 200 元的部分返还 5%；购买总价超过 400 元时，超过 400 元的部分返还 3%，多买多送。小小一看，这个规则太复杂了，到底能有多少优惠，只能写个程序来算一算了。

程序代码如下：

```
#程序 2.2 printLog.py
```

```
while 1:
    i = int(input('输入购买总价:'))
    if i==0:
        break
    arr = [400,200,100,0]
    rat = [0.03,0.05,0.075,0.1]
    r = 0
    for idx in range(0,3):
        if i>arr[idx]:
            r+=(i-arr[idx])*rat[idx]
            i=arr[idx]
    print('总优惠金额：',r)
```

选择菜单命令 Run→Run Module 运行程序，输入购买的总价，得到应返现的金额，如图 2.3 所示。

```
=============== RESTART: E:\蛋糕店中的Python\Chapter2\2.2 printLog.py ===========
===
输入购买总价:50
总优惠金额： 0
输入购买总价:110
总优惠金额： 0.75
输入购买总价:230
总优惠金额： 9.0
输入购买总价:
```

图2.3　程序运行的结果

对这个结果满意吗？购买总价为 50 元时，总优惠金额为 0！显然这个结果是错误的。必须通过调试来找出程序中的错误。

如何调试程序呢？一般可以分三个步骤：

第一步，让程序分段运行。也就是说，一段一段地来排除错误，逐渐缩小抓虫子的范围。这就需要使用一些办法，把程序分成一段一段的，运行一段后就停下来。

第二步，检查程序运行到分段处时，变量的值是否正确。

第三步，确定出错的根源在哪里，并进行修正，然后再回到第一步进行新一轮调试。

首先，小小在程序中添加了一些 print()语句，通过输出一些有用的中间信息来判断错误在哪，修改后的代码如下：

```
#2.2printLog1.py
while 1:
    i = int(input('输入购买总价:'))
    if i==0:
        break
    arr = [400,200,100,0]
```

```
    rat = [0.03,0.05,0.075,0.1]
    r = 0
for idx in range(0,3):

    #在此处添加一些print语句,输出变量值
    print('i>arr[idx]吗? i为',i,',arr[idx]为',arr[idx])

    if i>arr[idx]:
        r+=(i-arr[idx])*rat[idx]
        i=arr[idx]
print('总优惠金额: ',r)
```

程序运行结果如图2.4所示。

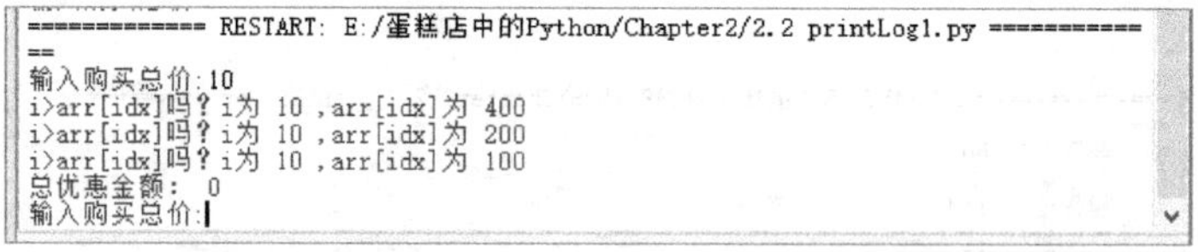

```
============ RESTART: E:/蛋糕店中的Python/Chapter2/2.2 printLog1.py ============
==
输入购买总价:10
i>arr[idx]吗? i为 10 ,arr[idx]为 400
i>arr[idx]吗? i为 10 ,arr[idx]为 200
i>arr[idx]吗? i为 10 ,arr[idx]为 100
总优惠金额:  0
输入购买总价:
```

图2.4　输出中间信息

通过输出的中间信息，小小发现，当输入10元的总价时，其应该处于0~100的区间范围，可是程序却定位在100以上的范围了。通过进一步分析，发现是程序读取的优惠范围这里出错了。

因此，将代码进行如下修改：

```
#2.2printLog2.py
while 1:
    i = int(input('输入购买总价:'))
    if i==0:
        break
    arr = [400,200,100,0]
    rat = [0.03,0.05,0.075,0.1]
    r = 0
    for idx in range(0,4):        #此行中range(0,3)改为range(0,4)
        #在此处添加一些print语句,输出变量值
        print('i>arr[idx]吗? i为',i,',arr[idx]为',arr[idx])
        if i>arr[idx]:
            r+=(i-arr[idx])*rat[idx]
            i=arr[idx]
    print('总优惠金额: ',r)
```

再次运行，结果如图2.5所示。

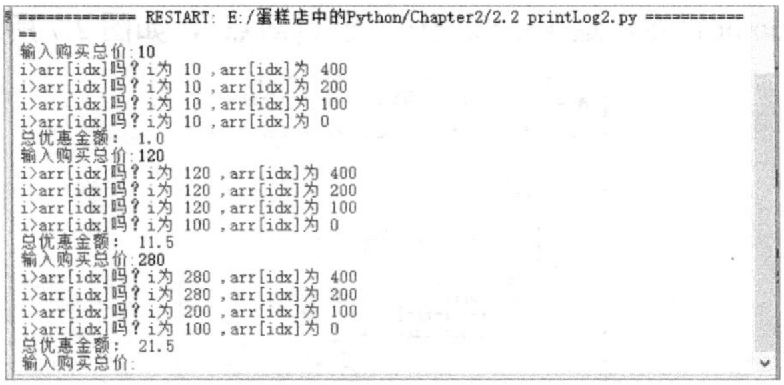

图2.5 含有调试信息的程序运行结果

这个结果到底对不对？小小进行了验算。当购买金额为 10 元时，返现为 0.1×10=1 元，正确；当购买金额为 120 元时，返现为 0.1×100+0.075×(120-100)=11.5 元，正确；当购买金额为 280 元时，返现为 0.1×100+0.075×100+0.05×(280-200)=21.5，正确！

程序正确运行后，记得把那些调试用的 print 语句都去掉哦！再次编辑代码，删除调试用的 print 语句，然后，随意运行程序吧！注意，输入金额为 0 时程序会退出。

2.3 使用 IDLE 的 Debugger 工具

蛋糕店的复杂优惠算法没有难倒小小。但是，如果程序有上万行代码，你只靠肉眼去"仔细检查"是不现实的，输入太多的 print 语句来调试也显得麻烦。好在 IDLE 提供了 Debugger 工具来帮助人们调试 Python 程序。

首先，打开 IDLE Shell，选择菜单命令 Debug→Debugger，打开 Debugger 工具，如图 2.6 所示。

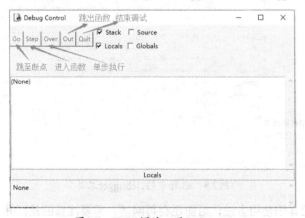

图2.6 IDLE调试工具Debugger

然后从 IDLE Shell 中打开刚才编写的 2.2PrintLog.py 程序，在需要分段的地方单击鼠标右键,并选择 Set Breakpoint 命令,这个步骤叫作"设置断点",如图 2.7 所示。

图2.7　设置断点

然后选择菜单命令 Run→Run Module,运行程序,Debugger 工具开始运行,这时程序会在 Debugger 工具的控制下一步一步地执行。如果单击 Go 按钮,则程序会直接运行到断点处停下来,如图 2.8 所示。

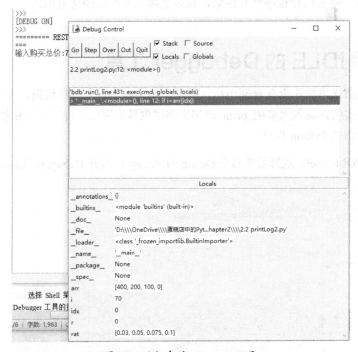

图2.8　运行中的Debugger工具

Debugger 工具的详细使用方法,后面还会再阐述。需要注意的是,并不是说使用工具就一定比使用其他方法更好,而是要选择自己比较熟悉的方法。

第 3 章
一个"假程序":代码注释

小小写了一个学习古诗的程序。首先显示出每行诗句,让同学们都学习一遍,然后再遮住一些句子,让大家做诗句填空。

3.1 诗词填空:单行注释

小小的古诗程序保存在 C:\Workspace\Chapter3\commentEx.py 文件中,代码如下:

```
print("登鹳雀楼")
print("唐","李白")
print("白日依山尽,")
print("黄河入海流,")
print("欲穷千里目,")
print("更上一层楼。")
```

程序运行结果如图 3.1 所示。

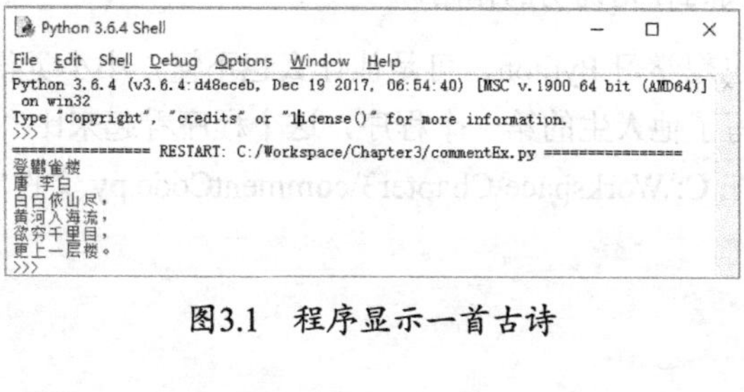

图3.1 程序显示一首古诗

接下来，小小准备了一些诗词填空。他修改了上面的程序，修改后代码如下：

```
#诗词填空
print("登鹳雀楼")
print("唐","李白")
print("白日依山尽，")
#print("黄河入海流，")
print("_____，")
print("欲穷千里目，")
#print("更上一层楼。")
print("_____。")
```

程序中那些以"#"号开头的语句都是 Python 的注释语句。注释语句在程序运行时是不会执行的。上面程序的运行结果如图 3.2 所示。

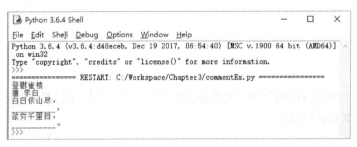

图3.2　诗词填空

在 Python 中，以"#"号开头的注释语句被称为单行注释语句，即该注释只对单行起作用。单行注释虽然不执行，但却是程序设计中必不可少的部分。好的注释可以帮助程序员了解代码的含义，增加程序的可读性。特别是大型的软件项目，通常由很多人编写，如果代码中没有有效的注释，一个人很难读懂另一个人写的代码，因此也无法协同工作。

3.2　牛牛的程序

注释用于说明代码实现的功能、采用的算法、作者以及创建和修改时间等信息。注释是代码的一部分，起到了对代码补充说明的作用。

小小的好朋友牛牛也想学习 Python，可是他什么也不懂，小小觉得可以先教他写注释。在小小的指导下，牛牛编写了他人生的第一个程序，这个程序看起来比"hello，提拉米苏！"程序复杂多了。该程序保存在 C:\Workspace\Chapter3\commentCode.py 文件中。代码如下：

```
#牛牛的程序
"""
```

```
"""
=================================
|作者：牛牛                       |
|编写时间：2018年5月1日           |
|编写目的：求两个整数相除的商和余数 |
=================================
"""
#=============程序输入=============
#输入第一个整数
#输入第二个整数


#=============程序处理=============
#判断用户输入的是不是整数
#如果是整数：
    #先比较两个数的大小
    #判断小的数是不是 0：
    #如果小的数是 0：
        #打印"除零错误"
        #结束程序
    #如果小的数不是 0：
        #计算两个数相除的商
        #计算两个数相除的余数
#如果有一个数不是整数：
    #打印"不在本程序解决范围之内"
    #结束程序


#=============程序输出=============
```

　　这应该是一个计算两个整数相除的程序，但是程序运行后，什么结果也不显示。程序开头部分连续三个引号（"""）是 Python 中表示多行文本的方式，也可以使用连续三个单引号（'''）。Python 可以将字符串放在代码中当作注释来使用。其他语句行也全部都是以#号开头的单行注释。

　　牛牛责怪小小教给他的是一个"假程序"。小小解释说："等你学习了本书后面的内容，再回过头来在注释下面填上真正的代码，就是真正的程序啦！写了注释实际上已经完成了大部分程序设计的工作。"牛牛挠着头，很服气的样子。

第 4 章
漂亮的展示牌：输入、输出和处理

小小通过前面的学习编写了简单的 print()程序，现在他又迫不及待地想要把蛋糕店里的产品展示给顾客们看。他制作了一个漂亮的展示牌。

4.1 漂亮的展示牌：输出

小小打开 Python 的 IDLE 工具，选择菜单命令 File→New File，打开一个新的编辑窗口，输入以下代码：

```
#4.1 inout1.py
print("==========你最喜欢的蛋糕==========")
print("#         香橙磅蛋糕           #")
print("#         腊肠咸蛋糕           #")
print("#         黑芝麻糖霜蛋糕        #")
print("#     大理石咕咕洛夫奶油蛋糕    #")
print("==============================")
```

选择菜单命令 File→Save，把代码保存为 4.1inout.py 文件。然后选择菜单命令 Run→Run Module，运行程序，运行结果如图 4.1 所示。

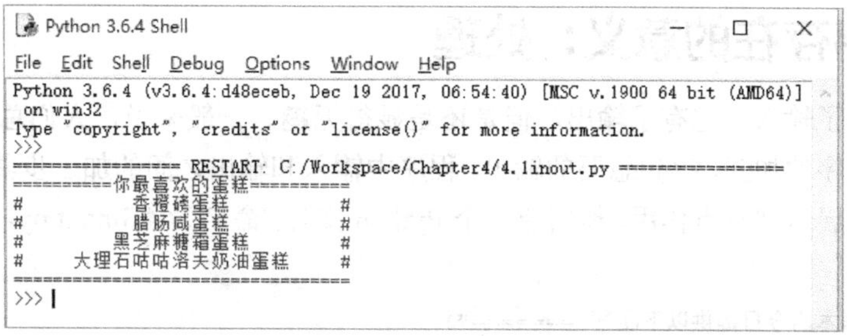

图4.1 程序运行结果

看吧,只要仔细地使用空格和符号,就可以使用 print()在屏幕上展示出漂亮的图样。把计算机程序里的信息展示给人看叫作"输出",反过来,从人类那里获得信息,放到程序中去,就叫作"输入"。Python 中有已经事先设计好的输入和输出函数,例如 print()就是一个常用的输出函数。

术语词典:函数,就是一小段已经写好的程序,可以通过函数的名字直接使用它。

4.2 接受你的请求:输入

小小制作了漂亮的展示牌,更多的顾客想要来看看。他们想要自己从键盘输入内容,看看自己喜欢的蛋糕会不会出现在展示牌上。小小想到了 Python 提供的输入函数:input()。新建一个程序文件 4.2inout.py,输入如下代码:

```
#4.2 inout2.py
yourCake=input("请输入您最喜爱的蛋糕名字:")
print(yourCake)
```

该程序运行之后,首先出现一行提示文字——"请输入您最喜爱的蛋糕名字:",并且后面有一个闪烁的光标。这个闪烁的光标叫作输入提示符,表示等待用户输入信息。从键盘输入蛋糕名称后按回车键,显示结果如图 4.2 所示。

图4.2 使用input()函数接受输入

在上述代码中,input()函数括号中加引号的文字为提示信息,其会显示在输入提示光标的前面。

4.3 程序存在的意义：处理

现在程序有了输入，也有了输出，但是还是显得无趣。一般来说，人们总是希望自己的输入经过计算机程序的加工，得到想要的输出。程序中输入和输出之间的加工步骤，就称为处理。小小决定让这个展示牌有点作用。他新建一个 Python 文件，命名为 4.3inout.py，输入如下代码：

```
#输出广告牌信息
print("========本店今日提供以下品种========")
print("#           1.香橙磅蛋糕              #")
print("#           2.腊肠咸蛋糕              #")
print("#           3.黑芝麻糖霜蛋糕          #")
print("#       4.大理石咕咕洛夫奶油蛋糕      #")
print("================================")

#获得输入
num=input('请输入序号查询蛋糕价格：')

#进行处理并输出结果
if int(num)==1:
    print('1.香橙磅蛋糕.单价：',15)
elif int(num)==2:
    print('2.腊肠咸蛋糕.单价：',22)
elif int(num)==3:
    print('3.黑芝麻糖霜蛋糕.单价：',20)
elif int(num)==4:
    print('4.大理石咕咕洛夫奶油蛋糕.单价：',24)
else:
    print('今日没有你所选的蛋糕')
```

运行后结果如图 4.3 所示。

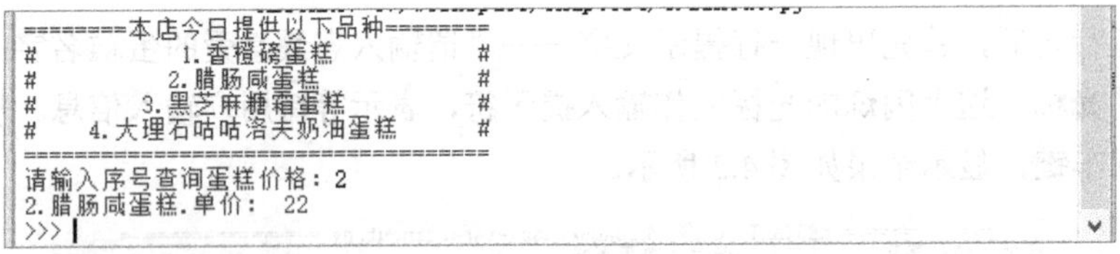

图4.3 处理结果

可以看出，程序进行了稍微复杂的处理：判断用户的输入信息，然后根据用户的输入进行选择性的输出。后面我们可以进行更复杂的处理。

第5章
动物园里动物多：数据类型

今天周末，小小和小伙伴们一起去动物园。动物园里的动物种类很多。水族箱里有鱼类、两栖类；爬行馆有爬行类；鸟笼里有鸟类；栅栏里有食草动物；还有狮山、虎山和猴山……小小对小伙伴们说："不同类型的动物需要被安放在不同的场所，就像 Python 的数据有不同的类型一样。"这个比喻让大家听得一头雾水，纷纷问小小："什么是 Python 的数据类型？"

5.1 狮子、老虎和大象：标准数据类型

"不同类型的数据具有不同的属性，占用不同大小的存储空间。"小小告诉大家："就像动物园里形形色色的动物，各有特点，而且需要占用不同的生活空间。"

有几种动物是动物园的"标准配置"，比如，狮子、老虎和大象。Python 也有 6 种标准数据类型。

1. Numbers（数值）

数值型数据，顾名思义就是表示数学里面的各种数，如 100、-765、3.14 等。

2. String（字符串）

Python 里的字符串型数据，必须使用单引号（'）或双引号（"）括起来，引号里可以有各种字符，如：

```
>>> '狮子'         #单引号
'狮子'
>>> "老虎"         #双引号
'老虎'
>>> '老虎<狮子<大象'    #引号内可以出现各种符号
'老虎<狮子<大象'
>>> "老虎表演——￥15"   #引号内可以出现各种符号
'老虎表演——￥15'
```

3. List（列表）

列表是一个集合类型，集合中的多个元素用方括号（[]）括起来，元素之间用逗号（,）隔开，可以有零个或多个元素，这些元素可以是相同或不同的类型，如：

```
>>> [1,2,3,4,5,6,7,8]            #数值类型元素的列表
[1, 2, 3, 4, 5, 6, 7, 8]
>>> ['鱼','鸟','爬行动物','两栖动物','哺乳动物','昆虫']    #字符串类型元素的列表
['鱼', '鸟', '爬行动物', '两栖动物', '哺乳动物', '昆虫']
>>> []                           #没有元素的空列表
[]
>>> ['π',3.14,'e',2.718]          #不同类型元素的列表
['π', 3.14, 'e', 2.718]
```

列表是 Python 中最受欢迎的数据类型，使用最为频繁。

4. Tuple（元组）

如果把一系列元素用圆括号()括起来，就成为一个新的数据类型——元组，如：

```
>>> ('虎山',15,'河马馆',10,'水族馆',15)
('虎山', 15, '河马馆', 10, '水族馆', 15)
>>> ('星期一','星期二','星期三','星期四','星期五','星期六','星期日')
('星期一', '星期二', '星期三', '星期四', '星期五', '星期六', '星期日')
```

5. Sets（集合）

Python 中的集合使用花括号{}将一系列元素括起来，Python 会自动删除集合类型中重复的元素，如：

```
>>> {'狮子','熊猫','老虎','熊猫','狮子','老虎','熊猫','老虎'}
{'狮子', '老虎', '熊猫'}
```

6. Dictionary（字典）

字典也是用花括号括起来的元素序列，元素之间仍然用逗号隔开。但是与集合不同的是，

字典中的每个元素都是以"键"和"值"成对的形式出现,简称"键值对",如:

```
>>> {'狮山':'星期一','熊山':'星期二','象馆':'星期三','飞鸟馆':'星期四','猴山':'星期五'}
{'狮山': '星期一', '熊山': '星期二', '象馆': '星期三', '飞鸟馆': '星期四', '猴山': '星期五'}
>>> {1:'星期一',2:'星期二'}
{1: '星期一', 2: '星期二'}
```

观察上面的代码可以发现,每个元素都是由两部分组成,中间有一个冒号(:)。冒号前的部分叫作键(英文 key),冒号后面的部分叫作值(英文 value)。字典也是一个非常受欢迎的数据类型。

5.2 牛牛的牛爷爷:数值类型

休息的时候,小小对小伙伴们说:"几种标准类型中,数值型应该算是最直观、最简单的类型了吧!你们能想到的数,Python 都认识,不信试试看!"说完打开了 Python 的 IDLE Shell。

牛牛输入了正数和负数:

```
>>> 10
10
>>> -10
-10
```

小花接着输入了小数:

```
>>> 15.707
15.707
>>> -3.14
-3.14
```

看来都没有难倒 Python。

牛牛的爸爸看到了,也来凑热闹,他输入了十进制数、二进制数、八进制数和十六进制数:

```
>>> 2018
2018
>>> 0b1011
11
>>> 0o17
15
>>> 0x96AE
38574
```

看来这也难不倒 Python,它瞬间就把这些数都转换成了大家熟悉的十进制数。不过要记住:

- 二进制数以 0b（一个数字 0 和一个字母 b）开头。
- 八进制数以 0o（数字 0 和字母 o）开头。
- 十六进制数以 0x（数字 0 和字母 x）开头。
- 没有前缀的都是十进制数。

牛牛的爷爷看到了，也来凑热闹，他输入了一连串奇怪的东西：

```
>>> 39j
39j
>>> .789j
0.789j
>>> -234+0j
(-234+0j)
>>> 3e+28J
3e+28j
>>> -3.14e-159J
(-0-3.14e-159j)
```

这样也行？爷爷告诉大家，这叫作复数。

接着，爷爷又输入了两个英语单词：

```
>>> True
True
>>> False
False
```

他告诉大家，这两个特殊的英语单词在 Python 3 中是两个布尔值，也属于数值类型。最后，牛牛的爷爷给大伙总结如下：

Python 3 支持 4 种不同的数值类型： int（整数）、float（小数）、bool（布尔值）和 complex（复数）。

小小和小伙伴们听完都说："牛牛的爷爷真是位牛爷爷！"

大家还想知道其他数据类型的知识，牛爷爷笑着说："孩子们，关于数据类型，本书后面还会详细介绍，目前只需要认识它们就行啦！"

第 6 章
神秘的 X 生物：变量的命名和赋值

上次逛动物园时，大家发现动物园里新开辟了一块空间，里面还没有住进动物。于是大伙儿开始猜测："这么大一块草地，应该养马吧？""不对不对，可能养山羊！""说不定是长颈鹿！""我们先给这里起个名字吧！"小小提议："就叫作 X 馆。"

6.1 变量的命名规则

Python 中的一块内存区域，就像动物园里的一块空间，一开始并没有名字，也不知道会装什么数据。我们把这块内存区域称为变量，为了称呼起来方便，需要给它起个名字，这个名字就叫作变量名。

术语词典：内存，就是计算机内部用来存放数据的一种电子器件。内存被分成大小相同的一小块一小块区域，每一块称为一个内存单元。不同数量的内存单元组成不同大小的内存区域，用来存放不同类型的数据。

小小发现，自己不经意间就创建了无数的变量，唯一伤脑筋的大概就是给每个变量起名字。在 Python 中给变量命名必须遵守以下几项规则：

1. 由数字、下画线（_）、英文字母组成，Python 3 中还允许使用汉字。
2. 第一个字符只能是字母或者下画线，Python 3 允许以汉字开头。
3. 区分大小写，也就是说使用大写字母的名字和使用小写字母的名字是不同的名字。
4. 不能使用 Python 关键字。

以下都是正确的变量名：

_797、XYZ_123=797、xyz_123、麋鹿、

反之，以下一些做法会导致错误：

```
>>> 4=4        #4 是常数，不能作为变量名
>>> 4a=5       #4a 不是正确的变量名
>>> a@a=5      #变量名不能含有特殊字符
>>> a a=7      #变量名不能有空格
>>> X          #未赋值的变量名不能直接使用
```

该程序的运行结果如图 6.1 所示。

```
>>> 4=4
SyntaxError: can't assign to literal
>>> 4a=5
SyntaxError: invalid syntax
>>> a@a=5
SyntaxError: can't assign to operator
>>> a a=7
SyntaxError: invalid syntax
>>> X
Traceback (most recent call last):
  File "<pyshell#12>", line 1, in <module>
    X
NameError: name 'X' is not defined
>>> _797
Traceback (most recent call last):
  File "<pyshell#13>", line 1, in <module>
    _797
NameError: name '_797' is not defined
```

图 6.1 错误的命名

另外，Python 中有一些已经被赋予了特定含义的词语，这些词语被称为"关键字"，我们在给自己的变量命名时，也要注意不能使用这些"关键字"。

在 IDLE Shell 中输入 help()命令，进入 Python 的帮助模式，然后输入 keywords 命令，便可以显示出 Python 的所有关键字，如图 6.2 所示。

```
>>> help()
Welcome to Python 3.6's help utility!

If this is your first time using Python, you should definitely check out
the tutorial on the Internet at http://docs.python.org/3.6/tutorial/.

Enter the name of any module, keyword, or topic to get help on writing
Python programs and using Python modules.  To quit this help utility and
return to the interpreter, just type "quit".

To get a list of available modules, keywords, symbols, or topics, type
"modules", "keywords", "symbols", or "topics".  Each module also comes
with a one-line summary of what it does; to list the modules whose name
or summary contain a given string such as "spam", type "modules spam".

help> keywords

Here is a list of the Python keywords.  Enter any keyword to get more help.

False               def                 if                  raise
None                del                 import              return
True                elif                in                  try
and                 else                is                  while
as                  except              lambda              with
assert              finally             nonlocal            yield
break               for                 not
class               from                or
continue            global              pass
```

图 6.2 Python 关键字

这么多的规则，小小觉得一时半会儿也记不住。不过也不需要刻意去记，因为 Python 可以轻而易举地检查出违犯这些规则的错误并给出红色的警告。

但是也不要养成乱起名字的坏习惯，动动脑筋给变量起一个有意义的名字，这可以帮助我们记忆和使用变量。当程序变得很长、很复杂时，给变量起一个有意义的名字可以大大提高编程效率。为什么？你也不想爸爸妈妈为了图省事，给你随便起个 a1、a2 或者 x 这样毫无意义的名字吧！

6.2　X 馆和神秘生物：变量赋值

在 Python 中，通过变量名来使用变量，使用时需要向变量中存入某种类型的数据。变量的类型由它里面存放的数据的类型决定。向变量存入数据的操作叫作赋值，并且要使用赋值符号来进行赋值。一般情况下，赋值符号就是我们通常使用的等号（=），但是在 Python 中，赋值和相等是完全不同的含义。例如，打开 IDLE Shell，输入以下代码：

```
>>> X=123
>>> type(X)
<class 'int'>
>>> X=3.14
>>> type(X)
<class 'float'>
>>> X='斑马'
>>> type(X)
<class 'str'>
>>> X=[]
>>> type(X)
<class 'list'>
```

看到了吗？赋值就这么简单。赋值号的左边是变量名，右边是某种类型的数据。赋值后，变量里面就存放了这种类型的数据。从上面代码还可以发现以下两点：

- 变量的类型由赋给它的数据类型决定。可以使用 type() 函数来检验变量类型。
- 变量之所以叫作"变量"，就是因为它可以被反复赋值，后赋的值会覆盖先前赋的值。

过了几天，"X 馆"住进了一只神秘的生物。谁也不知道它的名字，直到有一天，"X 馆"的门口挂上了一块标牌——"四不像（麋鹿）"。小小写下了下面的语句：

```
>>> X馆='四不像家园'
>>> X馆
'四不像家园'
>>> X='麋鹿'
>>> X
'麋鹿'
>>> 麋鹿='四不像'
>>> 麋鹿
'四不像'
```

第 7 章
弟弟的作业题：算术运算和算术赋值

弟弟的作业做完了，想请小小检查一下，他想到了 Python："这么多算术题，干吗不用计算机帮忙检查呢？"

7.1 算术运算符

这就是弟弟的作业（见图 7.1）。

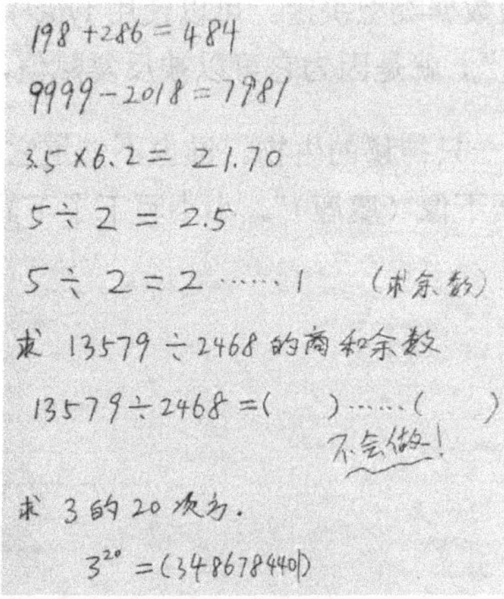

```
198 + 286 = 484
9999 - 2018 = 7981
3.5 × 6.2 = 21.70
5 ÷ 2 = 2.5
5 ÷ 2 = 2……1    （求余数）
求 13579 ÷ 2468 的商和余数
13579 ÷ 2468 = (    )……(    )
                  不会做！
求 3 的 20 次方
3²⁰ = (3486784401)
```

图 7.1 弟弟的作业

第 7 章 弟弟的作业题：算术运算和算术赋值

小小打开 IDLE Shell，一个一个地检查弟弟的算术题：

```
>>> 198+286
484
>>> 9999-2018
7981
>>> 3.5*6.2
21.7
>>> 5/2
2.5
>>> 5%2
1
>>> 13579//2468
5
>>> 13579%2468
1239
>>> 3**20
3486784401
```

小小表扬弟弟说："还不赖，除了最后一题不会做，其余的都算对了！"弟弟佩服得五体投地，自己算了一整天的作业，小小几分钟就完成了。小小告诉弟弟："这就是 Python 中最基本的算术运算，需要使用算术运算符。"表 7.1 对 Python 中的算术运算符进行了总结。

表 7.1 Python 中的算术运算符

运算符	描述	实例
+	加，两个数相加或连接两个字符串	20 + 3 输出结果为 23
-	减，一个数减去另一个数或表示负数	3 - 20 输出结果为 -17
*	乘，两个数相乘或返回一个被重复若干次的字符串	3 * 20 输出结果为 60
/	除，结果保留小数部分	20/3 输出结果为 6.6666666666666667
//	整除，得到除法结果中商的整数部分	20//3 输出结果为 6
%	取模，求除法的余数	20 % 3 输出结果为 2
**	幂，求 x 的 y 次幂	3**20 为 3 的 20 次方

在表 7.1 中，除了我们熟悉的加号和减号，其余几个符号和我们学习的数学符号都有所不同。其中加号和乘号还可以用来做字符串的运算，这个后面再介绍。

【25】

7.2 二进制的魔术：位运算

我们知道，计算机使用二进制来进行计算。Python 专门提供了二进制运算——位运算。进行位运算需要使用位运算符。表 7.2 对 Python 中的位运算符进行了总结。

表 7.2 Python 中的位运算符

位运算符	描述	实例
&	按位与运算符：参与运算的两个二进制位，如果都为 1，则结果为 1，否则为 0	(60 & 15)输出结果为 12
|	按位或运算符：只要对应的两个二进制位中有一个为 1，则结果就为 1	(60 | 15)输出结果为 63
^	按位异或运算符：当两个对应的二进位相异时，结果为 1	(60 ^15)输出结果为 51
~	按位取反运算符：对数据的每个二进制位取反，即把 1 变为 0，把 0 变为 1。~x 类似于-x-1	(~60)输出结果为-61
<<	左移运算符：运算数的各二进制位全部左移若干位，由"<<"右边的数指定移动的位数，高位丢弃，低位补 0	60<< 2 输出结果为 240
>>	右移运算符：把">>"左边的运算数的各二进制位全部右移若干位，">>"右边的数指定移动的位数	60 >> 2 输出结果为 15

要了解位运算的工作原理，需先将参与运算的数都转换成二进制数，再把它们对齐（需要时，整数往前补 0，小数往后补 0），然后再应用运算规则。可以使用 Python 提供的 bin()函数，将一个数转换成二进制数。下面来看一个小例子。打开 IDLE Shell，输入以下命令：

```
>>> 60&15
12
#转换成二进制形式
>>> bin(60)
'0b111100'
>>> bin(15)
'0b1111'
>>> 0b111100&0b001111    #为了使两个数对齐，且不改变大小，在整数前面补 0
12
```

整个过程是这样的：

　　　　　　　　　111100
　　　　　　　　　001111
　　　　　　　　　001100

将 111100 和 001111 对齐的各位进行按位与运算，得到二进制数 001100，即十进制数 12。位运算在现阶段使用得不多，这里就不费篇幅多讲它了，有兴趣的同学去问小小吧！

7.3 赋值运算符

小小继续告诉弟弟："数字中常见的等号（=）在 Python 中其实也是一个运算符，叫作赋值运算符，用于将数据存放到变量里。赋值运算符再结合算术运算符，可以产生若干算术赋值运算符。"表 7.3 对算术赋值运算符进行了总结。

表 7.3 算术赋值运算符

运算符	名称	描述
=	简单的赋值运算符	c = a + b 将 a + b 的运算结果赋给 c
+=	加法赋值运算符	c += a 等效于 c = c + a
-=	减法赋值运算符	c -= a 等效于 c = c - a
*=	乘法赋值运算符	c *= a 等效于 c = c * a
/=	除法赋值运算符	c /= a 等效于 c = c / a
%=	取模赋值运算符	c %= a 等效于 c = c % a
**=	幂赋值运算符	c **= a 等效于 c = c ** a
//=	取整除赋值运算符	c //= a 等效于 c = c // a

赋值运算符使用起来很简单，需要注意的是，赋值号的左边必须是变量。这些赋值运算符是如何工作的呢？下面我们用一个例子来说明。

```
>>> a=20
>>> b=30
>>> print(a,b)
20 30
>>> a+=b
>>> print(a,b)
50 30
```

变量 a 的值由之前的 20 变成了 50，变量 b 的值没有改变。这是因为 a+=b 实际上相当于 a=a+b 赋值语句。Python 在执行赋值语句时，总是先从赋值号右边开始计算，然后将得到的结果存入赋值号左边的变量中。奥妙就在这里（见图 7.2）。

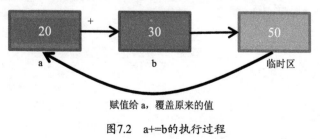

图 7.2 a+=b 的执行过程

当执行 a=a+b 时，式子里的两个 a 的值都为 20，然后 Python 先计算赋值号右边的加法（a+b），得到结果为 50，而此时左边的变量 a 的值还是 20，接着将 50 赋给左边的变量 a，于是 a 的值就变成了 50，而 b 的值从头到尾并没有改变，如图 7.2 所示。

"说了这么多，其实在计算机中，赋值运算就是一瞬间的事。"小小也不知道弟弟到底听明白了没有，只是后来弟弟再也没有请小小检查作业了……

第 8 章
真真假假：比较运算和逻辑运算

无论什么考试，小小都最喜欢做判断题，正确的写 T，错误的写 F。小小知道 T 代表 True，是"真"的意思；F 代表 False，是"假"的意思。被判断的题目叫作命题，如"三角形的任意两条边长度之和大于第三边。""地球的最大周长约为 4 万千米""光合作用能产生有机物和无机物。"

8.1 真和假：逻辑

每一个判断题的题干都是一个命题。如果题干说的是正确的，就说这个命题为"真"；如果题干说的是错误的，就说这个命题为"假"。

"三角形的任意两条边长度之和大于第三边。"这个命题肯定是真的。我们把整个命题看成一个整体，给它一个结论：True。

"地球的最大周长约为 4 万千米。"这个命题也是真的，我们把整个命题看成一个整体，给它一个结论：True。

"5>3"的结论当然也是 True。

那么，"5<3"的结论呢？是 False。这里，我们并不想知道 5 和 3 谁大谁小，而是当有人说"5<3"时，我们要给出"False"这个结论。

对命题"真"或"假"的判断结果,称为逻辑,在 Python 中用布尔类型(bool)来表示。布尔类型只有两个取值——True 或 False。

"5=3"的逻辑值(也称布尔值)当然是 False,而"5 不等于 3"的布尔值则是 True。

8.2 能够组成三角形吗

小小打算设计一个程序,任意输入三条线段的长度,然后根据"三角形的任意两条边长度之和大于第三边。"这个真命题,来判断能不能组成三角形。代码如下:

```
#判断能否组成三角形
a=int(input('输入三角形的边长a: '))
b=int(input('输入三角形的边长b: '))
c=int(input('输入三角形的边长c: '))
if a+b>c and b+c>a and a+c>b:    #三角形的任意两条边长度之和大于第三边
    print('可以组成三角形')
    if a==b or b==c or a==c:
        print('等腰三角形')
        if a==b and b==c:
            print('等边三角形')
else:
    print('不能组成三角形')
```

使用菜单命令 Run→Run Module 运行程序,输入任意的值进行测试,结果如图 8.1 所示。

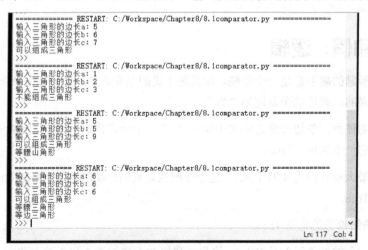

图8.1 判断三个边是否能组成三角形

程序具体是什么意思我们暂且不需要了解,这里只需要知道那些用来比较大小的语句和符号就行了。比如，a+b>c 表示"a 与 b 的和大于 c"，a==b 表示"a 等于 b"，这些都是比较运算。Python 的比较运算符一共有 6 个，如表 8.1 所示。

以下假设 a=4，b=5。

表 8.1 Python 中的比较运算符

运算符	描述	实例
==	等于，比较对象是否相等	(a == b) 返回 False
!=	不等于，比较两个对象是否不相等	(a != b) 返回 True
>	大于，判断 x 是否大于 y	(a > b) 返回 False
<	小于，判断 x 是否小于 y	(a < b) 返回 True
>=	大于等于，判断 x 是否大于等于 y	(a >= b) 返回 False
<=	小于等于，判断 x 是否小于等于 y	(a <= b) 返回 True

其中双等号（==）表示左右两个命题是否相等，而单等号（=）是赋值号。比较运算就是一个判断题，它的结果是一个逻辑值，即 True 或者 False。

8.3 逻辑运算

小小想："数值类型的数据可以做算术运算，也可以做比较运算，那布尔类型的数据是不是也可以做某种运算呢？"答案是肯定的。布尔类型的数据可以做逻辑运算，也称为布尔运算。

Python 提供了 3 个逻辑运算符，如表 8.2 所示。

表 8.2 Python 中的逻辑运算符

逻辑运算符	逻辑表达式	描述	实例
and	x and y	布尔"与"。如果 x 为 False，则 x and y 返回 False，否则返回 y 的计算值	(10 and 20) 返回 20
or	x or y	布尔"或"。如果 x 是 True，则 x or y 返回 x 的值，否则返回 y 的计算值	(10 or 20) 返回 10
not	not x	布尔"非"。如果 x 为 True，则 not x 返回 False。如果 x 为 False，则 not x 返回 True	not(10 and 20) 返回 False

看了表 8.2 中的实例，小小觉得似乎哪里不对劲："不是说布尔值只有两个——True 和 False 吗？为什么 10 和 20 也可以用来做布尔运算呢？"

原来，除了 True 和 False 这两个布尔值以外，Python 把整数 0 当作 False 看待，而把非 0 的其他数都当成 True 来看待。打开 IDLE Shell，输入以下命令来验证一下：

```
#一组以 False 开头的 and 运算，返回前项值
>>> False and True
False
>>> False and 20
False
>>> 0 and 20
0
#一组以 True 开头的 and 运算，返回后项值
>>> True and True
True
>>> True and False
False
>>> True and 20
20
>>> -5 and 20
20
#一组以 False 开头的 or 运算，返回后项值
>>> False or True
True
>>> False or 20
20
>>> 0 or False
False
>>> 0 or 20
20
#一组以 True 开头的 or 运算，返回前项值
>>> True or 0
True
>>> True or 20
True
>>> 10 or False
10
>>> -10 or 0
-10
#一组 not 运算，返回相反的布尔值
>>> not True
False
>>> not False
True
>>> not 0
True
>>> not 20
False
```

了解了逻辑运算后,再来看看如何表示"三角形的任意两条边长度之和大于第三边。"这个命题!假设三条边分别为 a、b 和 c,那么满足条件:

a+b>c and b+c>a and a+c>b

就是三角形了。进一步地满足条件:

a==b or b==c or a==c

就是等腰三角形了。再进一步地满足条件:

a==b and b==c

就是等边三角形了。

考考你,如果想要得到一个直角三角形,该怎么写呢?

第 9 章

有身份的 MVP：
成员、身份和优先级

作为篮球队年龄最小的队员，最近小小进步非常快，赛季末还被评为了 MVP。牛牛、小花和弟弟成天围着自己喊："MVP！MVP！"大人们也啧啧称赞："球星！球星！"小小感觉自己是一个有身份的人了……一不小心，梦醒了。

9.1 篮球梦的开始：成员运算符

小小揉揉眼睛，发现 Python 竟然有一种成员运算符。成员运算符用来测试一个元素是否是某个数据类型的成员。很显然，这里的数据类型只能是列表、元组、集合、字典和字符串这样的序列类型。

成员运算符有两个，确切地说只有一个（见表 9.1）。

表 9.1 Python 中的成员运算符

运算符	描述	实例
in	如果在指定的序列中找到该值，则返回 True，否则返回 False	10 in [10,20,30,40]返回 True

续表

运算符	描述	实例
not in	如果在指定的序列中没有找到该值,则返回True,否则返回False	10 not in[20,30,40]返回 True

为了实现篮球梦,小小首先得让自己成为球队的成员。小小打开 Python 的 IDLE Shell,选择菜单命令 File→New File,新建一个文件,保存到 C:\Workspace\Chapter9\9.1inMVP.py,代码如下:

```
#成员运算符
team=['乔丹','邓肯','科比','小小','詹姆斯','韦德','奥拉朱旺','哈登']
print('这是一支梦之队:',team)
#做梦的人是"小小"
me='小小'
if me in team:
    print(me,'是这支球队的成员!')
else:
    print(me,'不是这支球队的成员!')

#做梦的换作"牛牛"
me='牛牛'
if me in team:
    print(me,'是这支球队的成员!')
else:
print(me,'不是这支球队的成员!')
```

运行结果如图 9.1 所示。

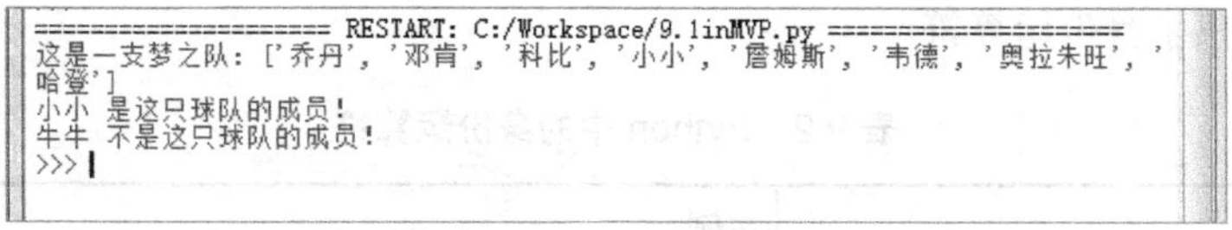

```
================ RESTART: C:/Workspace/9.1inMVP.py ================
这是一支梦之队: ['乔丹','邓肯','科比','小小','詹姆斯','韦德','奥拉朱旺','哈登']
小小 是这只球队的成员!
牛牛 不是这只球队的成员!
>>>
```

图9.1　成员运算符示例

"起码我是梦之队的成员了。"小小这样想:"下一步就有希望当 MVP 了!"

9.2　谁是 MVP:身份运算符

Python 还有一个身份运算符,用于确定两个名字是不是确实指的是同一个对象。什么意思呢?存储在同一个内存区域的变量可能具有多个不同的名字,身份运算符就是用来核实这些名字是不是指的是同一个变量的。毕竟隔壁班也有个叫"小小"的小朋友,他可不是梦之队的这个"小小"。

就像每个人都有一个家庭地址一样,每一个内存区域也都有一个唯一的标识码,也叫作地址。在 Python 中可以使用 id()函数来获取变量所在内存区域的地址。举个例子:

```
>>> me='小小'
>>> id(me)
50127688
>>> id('小小')
50127424
>>> he=me
>>> id(he)
50127688
```

看出来了吗?虽然给变量 me 赋了'小小'这个字符串,但是 me 和'小小'所在的内存地址却是不一样的,这说明它们处在不同的内存区域。但是把变量 me 赋给变量 he,它们的地址却是一样的,这说明 me 和 he 只是同一个内存区域的两个不同名字而已,如图9.2 所示。

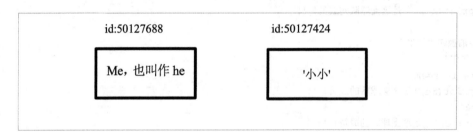

图9.2 id()函数的工作原理

表 9.2 中列出了身份运算符。

表 9.2 Python 中的身份运算符

运算符	描述	实例
is	判断两个标识符引用的是不是同一个对象	x is y 相当于 id(x)==id(y)。如果引用的是同一个对象则返回 True,否则返回 False
is not	is not 用来判断两个标识符引用的是不是不同的对象	x is not y 相当于 id(x)!=id(y)。如果引用的不是同一个对象则返回 True,否则返回 False

再新建一个文件,命名为 9.2isMVP.py,输入以下代码:

```
#身份运算符示例
team=['乔丹','邓肯','科比','马小小','詹姆斯','韦德','奥拉朱旺','哈登']
```

```
print('梦之队:',team)
#我是小小
me='马小小'
if me in team:
    print(me,'是这支球队的成员!')
else:
    print(me,'不是这支球队的成员!')

#我是MVP
mvp=me
if me is mvp:
    print(me,'是MVP!')
else:
    print(me,'不是MVP!')

#隔壁班的"小小",自称MVP
he='刘小小'
if he is mvp:
    print(he,'是MVP!')
else:
    print(he,'不是MVP!')
```

运行结果如图 9.3 所示。

```
================ RESTART: C:/Workspace/Chapter9/9.2isMVP.py ================
梦之队: ['乔丹', '邓肯', '科比', '马小小', '詹姆斯', '韦德', '奥拉朱旺', '哈登']
马小小 是这只球队的成员!
马小小 是MVP!
刘小小 不是MVP!
```

图9.3　身份运算符示例

隔壁班的刘小小服了,他和小小不是同一个"身份"!

9.3　运算符的优先级

Python中有这么多运算符,要是都凑到一起,比如:

```
1+2*3//4%5 and 6>7 or 8<9 in [9,99,999]
```

结果会是什么呢?还真不好说。你肯定要问,应该先算谁,后算谁呢?这时我们就需要了解一下运算符的优先级。表 9.3 将运算符从上到下按优先级从高到低全部列出来了,优先级高的比优先级低的运算符先计算,优先级相同的运算符按从左到右的顺序计算。

表 9.3　Python 中的运算符优先级

运算符	描述
**	指数(最高优先级)

续表

运算符	描述
~、+、-	按位翻转，一元加号和减号
*、/、%、//	乘、除、取模和整除
+、-	加法、减法
>>、<<	右移、左移运算符
&	位 'AND'
^、|	位运算符
<=、<、>、>=	比较运算符
==、!=	等于和不等于运算符
=、%=、/=、//=、-=、+=、*=、**=	赋值运算符
is、is not	身份运算符
in、not in	成员运算符
not、or、and	逻辑运算符

再来看看前面那道题：

```
1+2*3//4%5 and 6>7 or 8<9 in [9,99,999]
```

按照以下顺序进行计算，如图 9.4 所示。

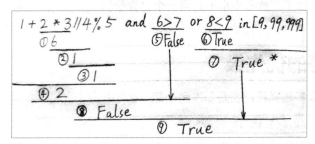

图9.4 运算符优先级示例

图 9.4 中①②③……表示计算的顺序。需要说明的是第⑦步，在计算 in [9,99,999]时，Python 会先将非空的列表[9,99,999]转换成 True，再进行逻辑运算。在 IDLE Shell 中运行的结果为：

```
>>> 1+2*3//4%5 and 6>7 or 8<9 in [9,99,999]
True
```

第 10 章
我的世界：字符编码和字符串

最近"Minecraft"这款游戏风靡全球，小小养了 1000 只羊。"我的世界"的魅力在于万事万物都由一些最基本的方块构成。这些方块看起来非常简单，这让小小想到了计算机中使用的二进制数——只有 0 和 1，却可以表示几乎所有的数。可是，"我的世界"里不只有数字，还有字母、汉字、标点符号、日语、韩语、阿拉伯语，甚至照片、声音、视频……

10.1　从数值到符号：编码

Python 中的文字，不管是英文、中文还是阿拉伯文等，都是以字符串类型来存储的。但是计算机只认识二进制数，要识别字符串，需要有一种机制，在字符和二进制数之间进行转换，这种机制就叫作编码。

什么是编码呢？其实编码在生活中还是很常见的，比如图 10.1 所示的情形。

在图 10.1 中，对于物品栏里的每一样物品，可以用它在物品栏里的行、列坐标来表示，比如木棍在第 1 行、第 1 列，简单写成（1,1），或者 0101；苹果在第 1 行、第 3 列，就是 0103；斧子就在 0303 的位置。按这个规则，用 0101、0102、0103……0303 就可以把物品栏里的所有东西，都编上一个号码，这就是"编码"。计算机不需要知道每件东西是什么，只需要告诉它你要的东西的编码就行了。

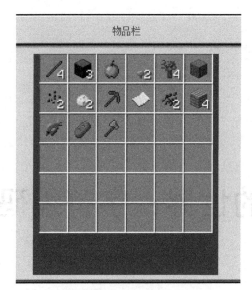

图10.1　游戏“我的世界”物品栏

如果有一张表格，你把所有的字母、数字、标点符号等都放进去，也用行号和列号表示它们，那就相当于把所有的这些符号都转换成了数值。这张大大的表就是一种编码表，例如 ASCII 码表，就是一种简单的编码表（如图 10.2 所示）。

高四位		ASCII非打印控制字符										ASCII 打印字符												
		0000					0001					0010		0011		0100		0101		0110		0111		
		0					1					2		3		4		5		6		7		
低四位		十进制	字符	ctrl	代码	字符解释	十进制	字符	ctrl	代码	字符解释	十进制	字符	十进制	字符	十进制	字符	十进制	字符	十进制	字符	十进制	字符	ctrl
0000	0	0	BLANK NULL	^@	NUL	空	16	►	^P	DLE	数据链路转意	32		48	0	64	@	80	P	96	`	112	p	
0001	1	1	☺	^A	SOH	头标开始	17	◄	^Q	DC1	设备控制 1	33	!	49	1	65	A	81	Q	97	a	113	q	
0010	2	2	☻	^B	STX	正文开始	18	↕	^R	DC2	设备控制 2	34	"	50	2	66	B	82	R	98	b	114	r	
0011	3	3	♥	^C	ETX	正文结束	19	‼	^S	DC3	设备控制 3	35	#	51	3	67	C	83	S	99	c	115	s	
0100	4	4	◆	^D	EOT	传输结束	20	¶	^T	DC4	设备控制 4	36	$	52	4	68	D	84	T	100	d	116	t	
0101	5	5	♣	^E	ENQ	查询	21	§	^U	NAK	反确认	37	%	53	5	69	E	85	U	101	e	117	u	
0110	6	6	♠	^F	ACK	确认	22	■	^V	SYN	同步空闲	38	&	54	6	70	F	86	V	102	f	118	v	
0111	7	7	●	^G	BEL	震铃	23	↨	^W	ETB	传输块结束	39	'	55	7	71	G	87	W	103	g	119	w	
1000	8	8	◘	^H	BS	退格	24	↑	^X	CAN	取消	40	(	56	8	72	H	88	X	104	h	120	x	
1001	9	9	○	^I	TAB	水平制表符	25	↓	^Y	EM	媒体结束	41	)	57	9	73	I	89	Y	105	i	121	y	
1010	A	10	◙	^J	LF	换行/新行	26	→	^Z	SUB	替换	42	*	58	:	74	J	90	Z	106	j	122	z	
1011	B	11	♂	^K	VT	竖直制表符	27	←	^[	ESC	转意	43	+	59	;	75	K	91	[	107	k	123	{	
1100	C	12	♀	^L	FF	换页/新页	28	∟	^\	FS	文件分隔符	44	,	60	<	76	L	92	\	108	l	124	|	
1101	D	13	♪	^M	CR	回车	29	↔	^]	GS	组分隔符	45	-	61	=	77	M	93	]	109	m	125	}	
1110	E	14	♫	^N	SO	移出	30	▲	^6	RS	记录分隔符	46	.	62	>	78	N	94	^	110	n	126	~	
1111	F	15	☼	^O	SI	移入	31	▼	^-	US	单元分隔符	47	/	63	?	79	O	95	_	111	o	127	Δ	Back space

图10.2　ASCII码表

ASCII 码表中的字符都可以使用行和列的二进制数组成的编码表示。比如，大写字母 A，先往上查到列号 0100，再往左查到行号 0001，组合在一起就是 01000001。所以大写字母 A 的 ASCII 编码就是 01000001，十进制表示就是 65。

Python 3 采用的默认编码是 utf-8，其将各种语言文字、符号都统一编到一张超级大的表格中，其中的每个字符都有一个对应的整数，这个整数就是该字符的 utf-8 编码。Python 3 提供了两个函数：ord()，用于将字符转换成整数；chr()，用于将整数转换成 utf-8 字符，例如：

```
>>> ord('羊')
32650
>>> chr(32650)
'羊'
```

通过编码，将字符转换成数值，这样计算机就可以处理了。

10.2　小小的 1000 只羊：字符串

Python 中没有单字符类型，只有字符串类型，单字符也被作为一个字符串来处理，以单引号（''）或双引号（""）括起来的形式表示。在 Python 3 中，字符串也使用 utf-8 编码，这意味着 Python 的字符串支持多语言，例如：

```
>>> print('minecraft 我的世界')    #打印包含英文和中文的字符串
minecraft 我的世界
>>> print('2018 小小@minecraft')   #打印包含数字、中文、符号和英文的字符串
2018 小小@minecraft
```

以下是关于字符串的一些操作。

1. 截取。Python 中的字符串可以使用方括号（[]）来截取，例如：

```
>>> item='木棍石头苹果蘑菇树木材'
>>> item[0:2]
'木棍'
>>> item[2:4]
'石头'
>>> item[4:6]
'苹果'
>>> item[6:8]
'蘑菇'
>>> item[8:9]
'树'
```

```
>>> item[9:]
'木材'
```

需要注意两点：

- 字符串中的字符从 0 开始依次编号，例如，item[0]表示第 1 个字符，item[8]表示第 9 个字符。

```
>>> item[0]
'木'
>>> item[8]
'树'
```

- 方括号中的数字形式表示截取的字符范围。例如，0:2 表示截取从第 1 个字符开始到第 3 个字符之前的所有字符，示例中就是"木棍"；2:4 表示截取从第 3 个字符开始到第 5 个字符之前的所有字符，示例中就是"石头"；9:表示截取从第 9 个字符开始到最后的所有字符，示例中就是"木材"。

2. 拼接。可以使用字符串连接符，即加号（+）来连接两个字符串。例如：

```
>>> item=item+'碎石土豆弓纸木屑土壤'
>>> item
'木棍石头苹果蘑菇树木材碎石土豆弓纸木屑土壤'
```

加号（+）既可以作为算术运算中的加法运算符，也可以作为字符串运算中的字符串连接符。Python 会根据参与运算的数据类型，决定进行哪种运算。

3. 重复输出字符串。使用星号（*）可以重复输出字符串。例如：

```
>>> item='羊'
>>> item=item*1000
>>> print(item)    #输出 1000 只羊
```

输出结果如图 10.3 所示。

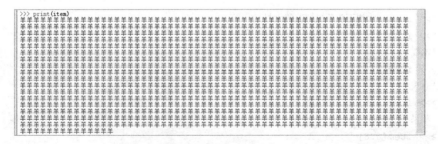

图 10.3　输出 1000 只羊

好了，这就是小小的 1000 只羊！

10.3 没烦恼的诗人：转义字符

看到小小的 1000 只羊，小花对牛牛说："小小对我说："我在"我的世界"里养了 1000 只羊。"你信吗？"要输出上面这句话，直接使用 print()语句可能会出现错误：

```
>>> print("看到小小的 1000 只羊，小花对牛牛说："小小对我说："我在"我的世界"里养了 1000 只羊。"你信吗？"")
SyntaxError: invalid character in identifier
```

相信你也发现了，这句话里有太多的引号了。如果想要正确输出这个字符串，有以下几个办法。

- 可以将字符串中间的引号全都改成中文的引号（""），代码如下：

    ```
    >>> print("看到小小的 1000 只羊，小花对牛牛说："小小对我说："我在"我的世界"里养了 1000 只羊。"你信吗？"")
    看到小小的 1000 只羊，小花对牛牛说："小小对我说："我在"我的世界"里养了 1000 只羊。"你信吗？"
    ```

- 使用转义字符

    转义字符是在字符串中使用反斜杠（\）来输出特殊字符的一种方式。使用\"就可以输出双引号，使用\'就可以输出单引号。例如：

    ```
    >>> print("看到小小的 1000 只羊，小花对牛牛说：\"小小对我说：\"我在\"我的世界\"里养了 1000 只羊。\"你信吗？\"")
    看到小小的 1000 只羊，小花对牛牛说："小小对我说："我在"我的世界"里养了 1000 只羊。"你信吗？"
    ```

有了转义字符，就可以输出引号之间的任何字符了。Python 中的转义字符如表 10.1 所示。

表 10.1　Python 中的转义字符

转义字符	描述
\（在行尾时）	续行符
\\	反斜杠符号
\'	单引号
\"	双引号
\a	响铃
\b	退格（Backspace）
\e	转义
\000	空
\n	换行
\v	纵向制表符
\t	横向制表符

续表

转义字符	描述
\r	回车
\f	换页
\oyy	八进制数,yy 表示字符,例如,\o12 表示换行
\xyy	十六进制数,yy 表示字符,例如,\x0a 表示换行
\other	其他的字符以普通格式输出

- 多行字符串

Python 还提供了一种显示多行字符串的方法。使用三引号('''或""")允许一个字符串跨多行,字符串中可以包含换行符、制表符以及其他的特殊字符。例如:

```
>>> 多行字符串='''看到小小的1000只羊,
小花对牛牛说:
"小小对我说:
"我在
"我的世界"里,
养了1000只羊。"
你信吗?'''
>>> print(多行字符串)
看到小小的1000只羊,
小花对牛牛说:
"小小对我说:
"我在
"我的世界"里,
养了1000只羊。"
你信吗?"
```

小小很喜欢这种诗一样的多行字符串,因为他再也不会因为引号和特殊字符的输出而烦恼了。这种三引号的输出方式还有个好听的名字——所见即所得。

10.4 字符串函数

Python 中有很多内建的字符串函数,使用起来非常方便。常用的字符串函数列举如下。

1. len(string)

返回字符串长度。如:

```
>>> item='木棍石头苹果蘑菇树木材碎石土豆弓纸木屑土壤'
```

```
>>> len(item)
21
```

2. capitalize()

将字符串的第一个字符转换为大写形式。如：

```
>>> 'xiaoxiao'.capitalize()
'Xiaoxiao'
```

3. center(width, fillchar)

将字符串改造成一个指定宽度（width）并居中的字符串，fillchar 为填充的字符，默认为空格。如：

```
>>> name.center(30,'*')
'***********xiaoxiao***********'
```

4. count(str, beg=0,end=len(string))

返回字符串 str 在字符串 string 里面出现的次数，如果指定范围 beg 或者 end，则返回指定范围内 str 出现的次数。如：

```
>>> item.count('羊')
1000
>>> item.count('小')
2000
```

5. find(str, beg=0 end=len(string))

检测 str 是否包含在字符串 string 中，如果指定范围 beg 和 end，则检查 str 是否包含在指定范围内。如果包含则返回索引值，否则返回-1。如：

```
>>> item='木棍石头苹果蘑菇树木材碎石土豆弓纸木屑土壤'
>>> item
'木棍石头苹果蘑菇树木材碎石土豆弓纸木屑土壤'
>>> item.find('土豆')
13
```

6. isdigit()

判断字符串中是否有数字字符，是则返回 True，否则返回 False。如：

```
>>> '1000A'.isdigit()
False
```

```
>>> '1000'.isdigit()
True
```

7. isalpha()

如果字符串至少有一个字符并且所有字符都是字母则返回 True，否则返回 False。如：

```
>>> '1000Sheep'.isalpha()
False
>>> 'Sheep'.isalpha()
True
```

8. replace(old, new [, max])

把字符串中的 old 字符串替换成 new 字符串，替换次数不超过 max 次。如：

```
>>> '我的世界'.replace('世界','羊')
'我的羊'
```

9. strip()

去掉字符串中前后的空格。如：

```
>>> '     我 的 世 界      '.strip()
'我 的 世 界'
```

10. title()

返回"标题化"的字符串，就是说所有单词都以大写开头，其余字母为小写。如：

```
>>> title='a big fantasic world in minecraft'
>>> title.title()
'A Big Fantasic World In Minecraft'
```

关于字符串还有很多其他的操作函数，在此不一一列举了，以后碰到的时候再讲解吧！

第 11 章
王者的药：条件控制

牛牛在跟小小打电话："我已经有武则天了，下一个水晶换杀手不太冷还是天鹅好呢？"妈妈碰巧听到了，一头雾水，感叹现在的小朋友说话越来越听不懂了。原来最近大家迷上了一款新游戏——王者的药。

11.1 健康系统：if 语句

小小觉得这样沉迷游戏不好，他决定创建一个"健康系统"，该系统规定，只有作业做完了才可以玩游戏。流程如图 11.1 所示。

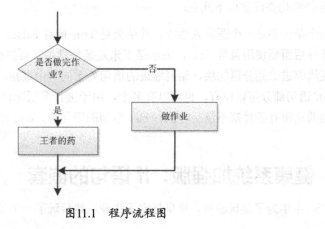

图11.1 程序流程图

小小赶紧打开 Python IDLE Shell，选择菜单命令 File→New File，新建了一个文件，保存到 C:\Workspace\Chapter11\11.1if.py，代码如下：

```
#条件语句示例
con=input('作业做完了吗?(Y或N)')
if con=='Y':
    print("欢迎您，王者。请进入游戏！")
elif con=='N':
    print("想什么呢？快滚回去做作业！")
else:
    print('答非所问。')
```

运行结果如图 11.2 所示。

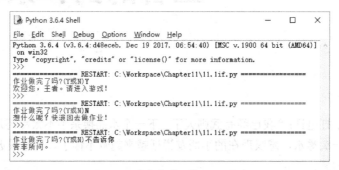

图11.2 "健康系统"运行结果

这个简单的程序使用了 if 语句，该语句用来根据条件执行不同的程序分支，这种结构称为"选择结构"。小小的"健康系统"首先判断输入是不是大写字母 Y，如果是，则可以玩游戏；如果输入不是 Y，而是 N，则不能玩游戏；另外，如果输入既不是 Y 也不是 N，则输出"答非所问。"。

关于选择结构要注意以下几点：

- 每个条件都是一个逻辑表达式，其结果是 True 或者 False。
- 条件后面要使用冒号（:），表示接下来是条件满足时要执行的语句块。
- 使用缩进来划分语句块，相同缩进的语句处于同一个级别。
- elif 语句部分可以没有，也可以有多个，用于进行多项选择。
- 当前面所有条件都不满足时执行 else 后面的语句块，else 部分只能有 0 个或 1 个。

11.2 健康系统加强版：if 语句的嵌套

这一天，牛牛为了能玩游戏，早早赶完了作业，然后玩了一下午"王者的药"，两只眼睛红得跟吕布似的。小小赶紧把他的"健康系统"进行了加强。新建了一个 Python 文件，并命名为 11.2ifif.py，代码如下：

```python
#条件语句示例2
con=input('作业做完了吗?(Y 或 N)')
if con=='Y':
    print("欢迎您，王者。请进入游戏！")
    age=int(input("请问王者，您几岁？（0-150）"))
    if age<12 and age>0:
        print("您只能玩1个小时哦！")
    elif age>=12 and age<18:
        print("您只能玩2个小时哦！")
    elif age>=18 and age<=150:
        print("您已经是成年人了，请自己控制游戏时间！")
    else:
        print("别闹，您输入的不是人的年龄！")
elif con=='N':
    print("想什么呢？快滚回去做作业！")
else:
    print("答非所问！")
```

这个"健康系统"增强版在第一个 if 语句块中添加了另一个 if 语句块，这样当作业做完了的时候，还需要判断玩家的年龄，并做出不同的响应。运行结果如图 11.3 所示。

图11.3 "健康系统"增强版运行结果

这种在一个 if 语句的语句块中又包含一个完整的 if 结构的方式叫作 if 语句的嵌套。嵌套时要注意：

- 只能在一个结构中嵌套另一个完整的结构，不能交叉，如图 11.4 所示的嵌套是错误的。

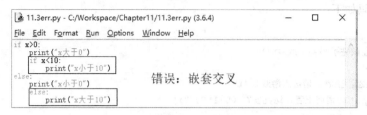

图11.4　嵌套错误举例

- 嵌套的层级不限，但是嵌套层级太多会影响执行效率和程序的可读性。

自从有了"健康系统"，妈妈再也不用担心牛牛玩游戏了。

第 12 章
阿波菲斯的剑鞘：列表

据上古传说，准备普通传说装备一件、上级元素结晶 1500 个、传说灵魂 6 个、普通灵魂 600 个、高级灵魂 480 个，就可以合成魔剑阿波菲斯的剑鞘。小小最近都在忙着搜集物品。

12.1 物品列表

收集来的物品要好好保存，为此小小建立了物品列表。打开 Python IDLE Shell，选择菜单命令 File→New File，新建一个 Python 文件，保存到 C:\Workspace\Chapter12\12.1Lists.py，代码如下：

```
#物品列表
crystal=['紫水晶','红宝石']
soul=['传说灵魂','普通灵魂','高级灵魂']
legend=['牛牛的水果刀','小花的指甲钳']
item=[legend,crystal,soul]
print("晶体: ",crystal)
print("灵魂: ",soul)
print("传奇: ",legend)
print("所有物品: ",item)
```

运行结果如图 12.1 所示。

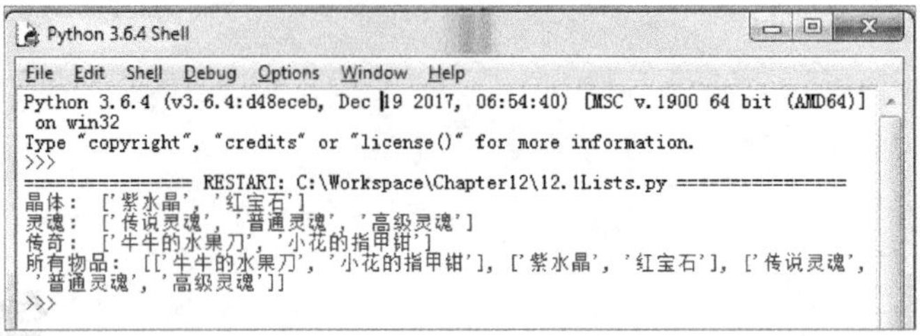

```
         Python 3.6.4 Shell                                              _ □ ×
        File Edit Shell Debug Options Window Help
        Python 3.6.4 (v3.6.4:d48eceb, Dec 19 2017, 06:54:40) [MSC v.1900 64 bit (AMD64)]
         on win32
        Type "copyright", "credits" or "license()" for more information.
        >>>
        =============== RESTART: C:\Workspace\Chapter12\12.1Lists.py ===============
        晶体： ['紫水晶', '红宝石']
        灵魂： ['传说灵魂', '普通灵魂', '高级灵魂']
        传奇： ['牛牛的水果刀', '小花的指甲钳']
        所有物品： [['牛牛的水果刀', '小花的指甲钳'], ['紫水晶', '红宝石'], ['传说灵魂',
         '普通灵魂', '高级灵魂']]
        >>>
```

图 12.1 物品列表

我们在前面章节中已经介绍过，这种用方括号（[]）括起来的数据类型叫作 List，中文名为列表。列表中可以存放多个元素，如该例中的'紫水晶'、'红宝石'等，元素之间用逗号（，）隔开。元素可以是任意类型，如该例中列表 item 的元素为另外 3 个列表。

使用 print(列表名)语句可以直接输出整个列表，而更多的时候需要访问列表中的元素。访问列表元素需要使用列表名和索引。

术语词典：索引。索引是为每个元素分配的一个数字，表示元素在列表中的位置，第一个元素的索引是 0，第二个元素的索引是 1，以此类推。

下面通过元素的例子来了解一下如何访问列表元素。在前面的运行结果后面继续输入以下代码：

```
>>> crystal[0]        #crystal 的第一个元素，索引为 0
'紫水晶'
>>> crystal[1]        #crystal 的第二个元素，索引为 1
'红宝石'
>>> soul[0:2]         #soul 的第一个到第三个元素之间的所有元素
['传说灵魂', '普通灵魂']
>>> soul[1:3]         #soul 的第二个到第四个元素之间的所有元素
['普通灵魂', '高级灵魂']
>>> legend[1:5]       #legend 的第二个到第六个元素之间的所有元素
['小花的指甲钳']
>>> item[1]           #item 的第二个元素，为列表 crystal
['紫水晶', '红宝石']
>>> item[1][0]        #item 第二行、第一列的元素
'紫水晶'
>>> item[0]           #item 的第一个元素，为列表 legend
['牛牛的水果刀', '小花的指甲钳']
>>> item[0][1]        #item 第一行、第二列的元素
'小花的指甲钳'
```

要注意的是，item 这个列表，它的每个元素也是一个列表，而且它们的长度不一样。这样的列表称为"列表的列表"。要访问这样的列表，需要给出两个索引，先指明在哪个子列表里，

再指明在子列表里的哪个位置。

通过索引访问列表经常犯的错误是下标越界（IndexError: list index out of range），即指定的索引超出了列表的索引范围，在编程时要注意这一点。

12.2 了解自己的物品：列表的函数

列表是用来存放信息的，Python 提供了几个内部函数来帮助大家了解自己存放在列表中的信息，如表 12.1 所示。

表 12.1　Python 中的列表函数

函数	说明
len(list)	返回列表中的元素个数
max(list)	返回列表中元素的最大值
min(list)	返回列表中元素的最小值
list(seq)	将序列转换为列表

运行 12.1Lists.py 程序，然后在 IDLE Shell 中使用以上函数，代码如下：

```
================ RESTART: C:\Workspace\Chapter12\12.1Lists.py ================
晶体： ['紫水晶', '红宝石']
灵魂： ['传说灵魂', '普通灵魂', '高级灵魂']
传奇： ['牛牛的水果刀', '小花的指甲钳']
所有物品： [['牛牛的水果刀', '小花的指甲钳'], ['紫水晶', '红宝石'], ['传说灵魂', '普通灵魂', '高级灵魂']]
>>> len(soul)
3
>>> len(crystal)
2
>>> len(item)
3
>>> max(soul)          #字符串的大小由其编码数值的大小决定
'高级灵魂'
>>> max(item)
['紫水晶', '红宝石']
>>> max(legend)
'牛牛的水果刀'
>>> min(legend)
'小花的指甲钳'
```

```
>>> min(crystal)
'紫水晶'
>>> list('阿波菲斯的剑鞘')        #字符串是一种序列,每个字符被拆分成一个列表元素
['阿', '波', '菲', '斯', '的', '剑', '鞘']
```

需要说明几点:

- 字符串的大小由字符的编码大小决定,所以可以使用 max()、min()这样的函数。
- 字符串、列表、元组、集合、字典都属于"序列"类型,可以互相转换。

另外,列表还可以进行如表 12.2 所示的运算。

表 12.2　Python 中的列表运算

Python 表达式	结果	描述
[1, 2, 3] + [4, 5, 6]	[1, 2, 3, 4, 5, 6]	组合
['Hi!'] * 3	['Hi!', 'Hi!', 'Hi!']	重复
2 in [1, 2, 3]	True	元素是否存在于列表中
for x in [1, 2, 3]: print(x, end=" ")	1 2 3	迭代

12.3　新的物品:列表的操作

小小今天在学校一棵树的树洞里得到了一块琥珀,正是他需要的晶体,他赶紧把新的物品添加到列表中。首先打开 Python IDLE Shell,然后选择菜单命令 File→Open,打开 12.1Lists.py 文件,另存为 C:\Workspace\Chapter12\12.2appendList.py。接着修改程序,以便今后添加新的物品。代码如下:

```
#物品列表
crystal=['紫水晶','红宝石']
soul=['传说灵魂','普通灵魂','高级灵魂']
legend=['牛牛的水果刀','小花的指甲钳']
item=[legend,crystal,soul]
print("晶体: ",crystal)
print("灵魂: ",soul)
print("传奇: ",legend)
print("所有物品: ",item)
#输入新的物品
newcrystal=input('新的晶体: ')
#添加新的物品到相应列表中
crystal.append(newcrystal)
newlegend=input('新的传奇: ')
```

```
legend.append(newlegend)
print("所有物品：",item)
```

运行结果如图 12.2 所示。

```
晶体： ['紫水晶', '红宝石']
灵魂： ['传说灵魂', '普通灵魂', '高级灵魂']
传奇： ['牛牛的水果刀', '小花的指甲钳']
所有物品： [['牛牛的水果刀', '小花的指甲钳'], ['紫水晶', '红宝石'], ['传说灵魂', '普通灵魂', '高级灵魂']]
新的晶体：琥珀
新的传奇：黑山羊的胡须
所有物品： [['牛牛的水果刀', '小花的指甲钳', '黑山羊的胡须'], ['紫水晶', '红宝石', '琥珀'], ['传说灵魂', '普通灵魂', '高级灵魂']]
>>>
```

图12.2　新增物品

使用列表的 append()函数就可以在列表的末尾添加新元素，格式为：

列表名.append(新元素)

除了 append()函数外，还有很多其他实用的列表函数，如表 12.3 所示。

表 12.3　Python 中的列表函数

方法	说明
list.append(obj)	在列表末尾添加新的对象
list.count(obj)	统计某个元素在列表中出现的次数
list.extend(seq)	在列表末尾一次性追加另一个序列中的多个值（用新列表扩展原来的列表）
list.index(obj)	从列表中找出某个值第一个匹配项的索引位置
list.insert(index, obj)	将对象插入列表
list.pop([obj])	移除列表中的一个元素（默认为最后一个元素），并且返回该元素的值
list.remove(obj)	移除列表中某个值的第一个匹配项
list.reverse()	反向列表中的元素
list.sort([func])	对原列表进行排序，参数为一个排序函数，可选
list.clear()	清空列表
list.copy()	复制列表

运行 12.2appendList.py 程序，然后在 IDLE Shell 中运行以下代码进行测试：

```
============== RESTART: C:\Workspace\Chapter12\12.2apendList.py ==============
晶体： ['紫水晶', '红宝石']
灵魂： ['传说灵魂', '普通灵魂', '高级灵魂']
传奇： ['牛牛的水果刀', '小花的指甲钳']
所有物品： [['牛牛的水果刀', '小花的指甲钳'], ['紫水晶', '红宝石'], ['传说灵魂', '普通灵魂', '高级灵魂']]
新的晶体：紫水晶
新的传奇：黑山羊的胡须
所有物品： [['牛牛的水果刀', '小花的指甲钳', '黑山羊的胡须'], ['紫水晶', '红宝石', '紫水晶'], ['
```

```
传说灵魂','普通灵魂','高级灵魂']]
>>> crystal.append('琥珀')
>>> crystal
['紫水晶','红宝石','紫水晶','琥珀']
>>> crystal.count('紫水晶')
2
>>> item.extend("阿波菲斯的剑鞘")
>>> item
[['牛牛的水果刀','小花的指甲钳','黑山羊的胡须'],['紫水晶','红宝石','紫水晶','琥珀'],['传说灵魂','普通灵魂','高级灵魂'],'阿','波','菲','斯','的','剑','鞘']
>>> soul.index('高级灵魂')
2
>>> crystal.insert(0,'孔雀石')
>>> crystal
['孔雀石','紫水晶','红宝石','紫水晶','琥珀']
>>> crystal.pop()
'琥珀'
>>> crystal.pop(2)
'红宝石'
>>> crystal.remove('紫水晶')
>>> crystal
['孔雀石','紫水晶']
>>> soul.reverse()
>>> soul
['高级灵魂','普通灵魂','传说灵魂']
>>> list("763216401658736519").sort()
>>> soul.sort()
>>> soul
['传说灵魂','普通灵魂','高级灵魂']
>>> exlist=list("239847639651091")
>>> exlist.sort()
>>> exlist
['0','1','1','2','3','3','4','5','6','6','7','8','9','9','9']
>>> exlist.clear()
>>> exlist
[]
>>> crystal
['孔雀石','紫水晶']
>>> excrystal=crystal.copy()
>>> excrystal
['孔雀石','紫水晶']
```

　　经过这轮测试，小小的物品列表似乎被改得面目全非了。其实一切都没有改变，因为所有操作都是在内存中进行的，并没有保存下来。想要将对列表的操作保存起来，需要使用文件或者数据库，后面将介绍这些内容。目前来看，"阿波菲斯的剑鞘"对小小来说还是一个遥远的梦。

第 13 章
小小蛋糕店：元组和区间

小小开了一家蛋糕店，店里出售各式糕点：黑森林蛋糕、布朗尼蛋糕、舒芙里、提拉米苏、瑞士卷等。他想制作一个电子菜单，方便给顾客显示糕点的信息。该怎么实现呢？第一步，要使用一种方法，把所有的糕点名称都存起来。Python 提供了一个叫作"元组"的类型，可以用来存储各式各样的数据，就用它来试一试吧！

13.1 第一个菜单：建立元组

打开 Python 开发工具 IDLE，在提示符后键入如下代码，然后按回车键：

```
>>> menu=('黑森林蛋糕','布朗尼蛋糕','舒芙里','提拉米苏','瑞士卷');
```

如果输入没有问题，执行后就什么提示也没有，只有一个代码提示符，等待输入后续命令，如图 13.1 所示。

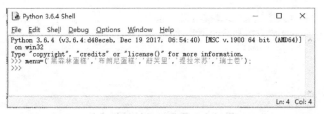

图13.1　创建元组

好了，这样就简单地创建了一个名叫 menu 的元组，所有的蛋糕名称都存在这个元组里面了，其中的每一种蛋糕名称都称为这个元组的一个"元素"。很简单吧？只需要在圆括号中添加元素，并用逗号隔开即可。

创建元组虽然简单，但输入代码时要注意一个问题，除了蛋糕的名字使用汉字以外，其他的符号都要使用英文符号。注意对比下面符号：

- 使用圆括号把所有元素括起来，注意区别"()"和"（）"。
- 元素之间要用逗号隔开，注意区别","和"，"。
- 蛋糕名要用引号引起来，注意区别"'"和"'"。

如果忘了加引号，Python 会把蛋糕名当成变量名，因而会出现红色的错误提示信息，如图 13.2 所示。

```
>>> menu=(黑森林蛋糕,布朗尼蛋糕,舒芙里,提拉米苏,瑞士卷)
Traceback (most recent call last):
  File "<pyshell#1>", line 1, in <module>
    menu=(黑森林蛋糕,布朗尼蛋糕,舒芙里,提拉米苏,瑞士卷)
NameError: name '黑森林蛋糕' is not defined
```

图13.2　错误提示：名称未定义

为了不用每次都重做一遍菜单，我们建立一个 Python 文件来保存它。选择菜单命令 File→New File，在打开的文件中输入同样的代码：

```
menu=('黑森林蛋糕','布朗尼蛋糕','舒芙里','提拉米苏','瑞士卷');
```

再选择菜单命令 File→Save，将文件保存到 C:\Workspace\Chapter13\menu.py。以后每次打开这个菜单文件就行了。

13.2　请问第 4 种是什么蛋糕

一天，顾客指着橱窗里的第 4 种蛋糕问小小："请把第 4 种蛋糕给我来一块！"第 4 种是什么蛋糕呢？这时，之前建立的电子菜单 menu.py 就派上用场了。选择菜单命令 File→Open，找到之前建立的 menu.py 文件并打开。顾客问的是第 4 种对吗？在打开的文件中输入 print(menu[4])，如图 13.3 所示。

图13.3　显示指定的蛋糕名称

接下来，选择菜单命令 Run→Run Module 运行程序，屏幕上马上显示出"瑞士卷"，如图 13.4 所示。

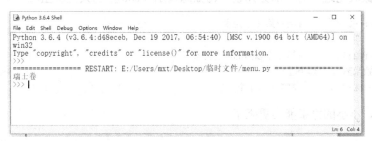

图13.4　显示结果

"No！No！No！"顾客摇着头说，"我要的不是瑞士卷！"慢着！好像哪里不对！是的，瑞士卷在咱们的菜单里竟然是第 5 个！问题出在哪呢？

原来，元组中的元素顺序是从 0 开始的。也就是说，我们看到的第 1 个名称，应该用 menu[0] 来表示，第 2 个用 menu[1]表示，以此类推，顾客口中的第 4 个蛋糕名称应该用 menu[3]来表示才对。赶紧重来一次，将 print(menu[4])改为 print(menu[3])，再运行，结果如图 13.5 所示。

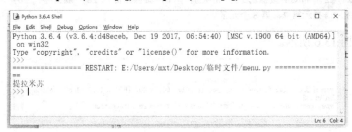

图13.5　正确的结果

顾客高高兴兴地拿着提拉米苏走了。小小坐下来又仔细学习了 Python 中元组的访问方式。

1. 显示整个元组

可以直接用 print 函数输出整个元组。如：

```
>>> print(menu)
('黑森林蛋糕', '布朗尼蛋糕', '舒芙里', '提拉米苏', '瑞士卷')
```

2. 显示指定元素

最常见的是访问元组中的元素，可以通过下标来访问元组中指定位置的元素，如下所示：

```
>>> print(menu[0])
黑森林蛋糕
```

3. 元组的截取

有时需要截取元组中的一部分元素，比如想显示 menu 里的某几种蛋糕，可做如下处理：

```
>>> print(menu[-2])          #倒数第 2 个元素
提拉米苏
>>> print(menu[2:])          #第 3 个以后的所有元素
('舒芙里', '提拉米苏', '瑞士卷')
>>> print(menu[1:4])         #第 2 到 4 个元素
```

经过学习，小小的办事能力更强了。

13.3 各式各样的菜单

蛋糕店生意越来越好，花样越来越多，小小记不住各种价钱，于是他决定把蛋糕的价钱写在每个品种的后面。可是价钱是数字类型的，和蛋糕名称一起放进菜单里，使用元组可以实现吗？试试看吧。打开 menu.py 文件，将代码改成如下所示：

```
menu=('黑森林蛋糕',12,'布朗尼蛋糕',15,'舒芙里',16,'提拉米苏',18,'瑞士卷',10)
print(menu[6:8])    #显示第 7、第 8 个元素
```

运行结果如图 13.6 所示。

图 13.6　同时存入字符串和整数值

没错！程序显示了提拉米苏和它的价钱。

元组中可以包含多种类型的元素，可以有字符串、数值，还可以包含其他类型。而且可以以多种方式创建元组。

1. 创建空元组

可以使用一对空的圆括号创建空元组。如：

```
>>> ()
()
```

2. 创建只有一个元素的元组

可以创建只有一个元素的元组。如：

```
>>> '维也纳巧克力杏仁蛋糕',
('维也纳巧克力杏仁蛋糕',)
>>> ('维也纳巧克力杏仁蛋糕',)
('维也纳巧克力杏仁蛋糕',)
```

注意：用不用圆括号都可以，但是不能没有后面的那个逗号！不然创建的就不是元组了。

3. 使用内部函数 tuple() 创建元组

使用元组的内部函数 tuple() 可以将任意序列类型转换为元组。如：

```
>>> tuple("我最喜欢的蛋糕")
('我', '最', '喜', '欢', '的', '蛋', '糕')
```

tuple() 函数将圆括号中间的参数转换成元组。它只接受一个参数，可以是字符串、列表或其他序列类型的数据结构。

13.4 等差数列的创造者：range()

使用 Python 的 range() 函数也可以创建元组，只不过使用 range() 函数创建的元组，其中的元素都是整数，而且所有元素组成一个等差数列。range() 函数也可以被看成一个类型，称为区间，可以使用 tuple() 函数将一个区间转换为元组。range() 函数的用法举例如下。

1. 从 0 开始的数列

如果 range() 函数只有一个参数，则 range() 函数产生从 0 开始的等差数列。例如：

```
>>> x=range(10)
range(0, 10)
>>> tuple(x)
(0, 1, 2, 3, 4, 5, 6, 7, 8, 9)
```

注意，和所有其他序列类型一样，range() 函数的索引也是从 0 开始的，所以 range(10) 实际上只包含索引从 0~9 的 10 个整数。如：

```
>>> x[0]            #第一个元素
0
```

```
>>> x[9]            #最后一个元素
9
>>> x[10]           #错误：下标越界
Traceback (most recent call last):
  File "<pyshell#16>", line 1, in <module>
    x[10]   #错误：下标越界
IndexError: range object index out of range
```

2. 规定开始整数和结束整数

如果 range()函数有两个参数，则前一个为开始的整数，后一个为结束的整数，各数之间默认相差 1。例如：

```
>>> x=range(9,13)
>>> tuple(x)
(9, 10, 11, 12)
```

3. 规定步长

如果 range()函数有三个参数，则第一个参数为开始整数，第二个为结束整数，第三个为每两个数之间的增量，即等差数列的公差，其可以为负数。

```
>>> x=range(3,19,2)
>>> tuple(x)
(3, 5, 7, 9, 11, 13, 15, 17)
>>> y=range(36,-8,-4)
>>> tuple(y)
(36, 32, 28, 24, 20, 16, 12, 8, 4, 0, -4)
```

range()函数在循环操作序列时非常有用。

第 14 章
老狼老狼几点了：循环结构

"老狼老狼几点了？""1 点了。""老狼老狼几点了？""2 点了。""老狼老狼几点了？""3 点了。"

"老狼老狼几点了？"……整个下午，小小的脑子里都在重复这句话。

14.1 没完没了：while 语句

玩了一个下午的"老狼老狼几点了？"，小小还觉得意犹未尽，他打算写一个程序继续玩。打开 Python IDLE Shell，选择菜单命令 File→New File，新建一个 Python 文件，保存到 C:\Workspace\Chapter14\14.1while.py，代码如下：

```
#while 循环
while 1:
    input("老狼老狼几点了? ")
```

代码使用了 Python 的关键字 while 构造了一种循环结构，while 的后面是一个条件表达式，当条件表达式的值为 True 时，就重复执行下一行缩进的 input() 语句。运行的流程如图 14.1 所示。

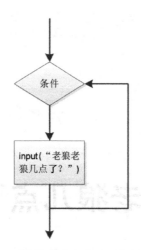

图14.1 "老狼老狼几点了？"循环结构

while 语句首先判断菱形框中的条件是否为 True，本例中这个条件为整数 1。我们在前面的章节中讲解过，Python 将非 0 的整数作为布尔值 True 处理。当条件为 True 时，就执行方框中的程序段，这个程序段叫作循环体。循环体执行完一次后，程序又转回去判断菱形框中的条件。程序的运行结果如图 14.2 所示。

```
*Python 3.6.4 Shell*
File Edit Shell Debug Options Window Help
Python 3.6.4 (v3.6.4:d48eceb, Dec 19 2017, 06:54:40) [MSC v.1900 64 bit (AMD64)]
 on win32
Type "copyright", "credits" or "license()" for more information.
>>>
================ RESTART: C:/Workspace/Chapter14/14.1while.py ================
老狼老狼几点了？2
老狼老狼几点了？6
老狼老狼几点了？7
老狼老狼几点了？8
老狼老狼几点了？9
老狼老狼几点了？10
老狼老狼几点了？3
老狼老狼几点了？4
老狼老狼几点了？9
老狼老狼几点了？
```

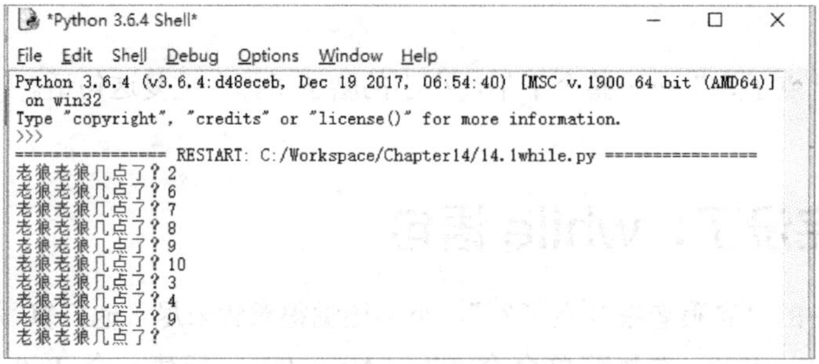

图14.2 程序的输出

可是马上小小就遇到问题了，小小发现他的程序没法结束，其原因在于 while 后面的条件永远为 True。他把程序做了如下的更改：

```
#while 循环
x=1
while x:
    x=int(input("老狼老狼几点了？"))
    if x==12:
        x=0
print("老狼来抓你啦！！！快跑吧！！！")
```

首先定义了一个变量 x，并且赋值为 1。x 作为 while 后面的条件，当它不为 0 时，循环会不断进行下去。为了让程序能结束，在循环体中添加了一个 if 语句。该语句判断，当 x 的值为 12 时，将 x 赋值为 0。那么当再次执行 while 语句时，条件 x 的值就为 False 了。这时，循环就会立即结束。程序的运行结果如图 14.3 所示。

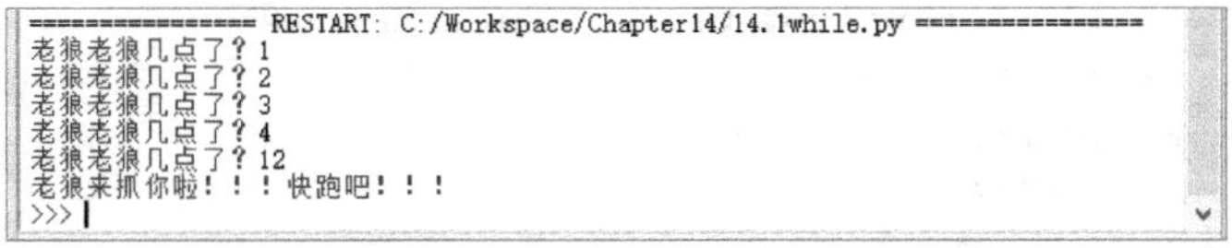

```
================ RESTART: C:/Workspace/Chapter14/14.1while.py ================
老狼老狼几点了？1
老狼老狼几点了？2
老狼老狼几点了？3
老狼老狼几点了？4
老狼老狼几点了？12
老狼来抓你啦！！！快跑吧！！！
>>>
```

图14.3　当输入12时，程序结束

这里添加的变量 x 实际上控制着循环何时结束，我们把这种控制循环的变量称为循环变量。循环变量非常重要，如果没有循环变量，循环要么永远无法结束，要么永远无法开始。

14.2　老狼该休息了：for 语句

小小请小花来玩他的游戏。玩了几遍后，小花就晕乎了。有没有什么办法可以控制循环的次数？Python 准备了一个能遍历序列的 for 循环语句。遍历的意思就是挨个对序列中的每个元素进行同样的操作。

for 循环的一般格式如下：

```
for 循环变量 in 序列:
    循环体
else:
    循环体
```

小小决定用 for 循环改造一下他的游戏。新建一个 Python 文件，保存到 C:\Workspace\Chapter14\14.2for.py，并输入如下代码：

```
#for 循环示例
for n in range(1,11):
    print("第",n,"次：")
    x=int(input("老狼老狼几点了？"))
    if x==12:
        print("老狼来抓你啦！！！快跑吧！！！")
print("你问了",n,"遍了，老狼该休息了！")
```

range(1,11)会构造一个数列。程序中的 n 为一个循环变量，它的取值依次为 1,2,3,…,10，对应 range(1,11)中的 11 个元素。每次 n 取一个值时，就执行一次 for 循环的循环体，直到 n 为 10 时，遍历结束。

运行程序，结果如图 14.4 所示。

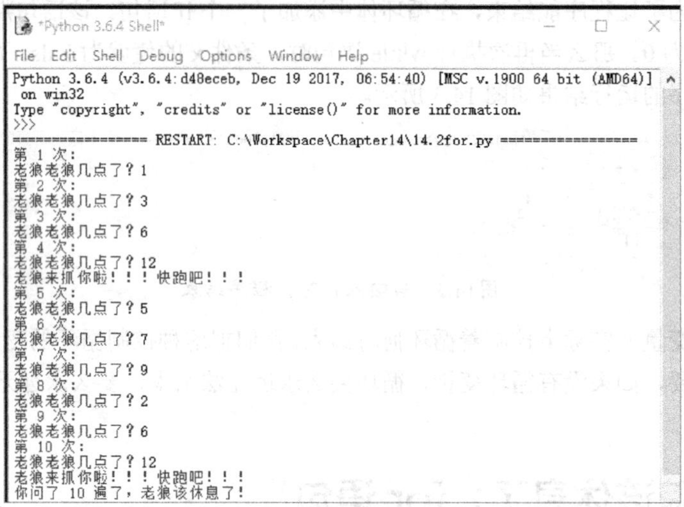

```
*Python 3.6.4 Shell*
File Edit Shell Debug Options Window Help
Python 3.6.4 (v3.6.4:d48eceb, Dec 19 2017, 06:54:40) [MSC v.1900 64 bit (AMD64)]
on win32
Type "copyright", "credits" or "license()" for more information.
>>>
================ RESTART: C:\Workspace\Chapter14\14.2for.py ================
第 1 次：
老狼老狼几点了？1
第 2 次：
老狼老狼几点了？3
第 3 次：
老狼老狼几点了？6
第 4 次：
老狼老狼几点了？12
老狼来抓你啦！！！快跑吧！！！
第 5 次：
老狼老狼几点了？5
第 6 次：
老狼老狼几点了？7
第 7 次：
老狼老狼几点了？9
第 8 次：
老狼老狼几点了？2
第 9 次：
老狼老狼几点了？6
第 10 次：
老狼老狼几点了？12
老狼来抓你啦！！！快跑吧！！！
你问了 10 遍了，老狼该休息了！
```

图14.4　for循环示例

14.3　小花的脾气：break、continue 和 pass

每玩 10 次"老狼老狼几点了？"，程序就退出，让大家休息一会儿。可是女人的脾气小小永远不懂。小花非要想玩几次就玩几次，想退出休息就退出，有时还想什么都不干，就让老狼干等着。

小小赶紧又修改了他的程序，保存为 14.3break.py，代码如下：

```python
#break、continue、pass 示例
for n in range(100):
    print("第",n+1,"次：")
    
    if (n+1)%5==0:
        print("你问了",n+1,"遍了，老狼该休息了！")
        y=input("姑奶奶，您还玩吗？（选 Y 继续，选 N 发呆，选其他退出）")
        if y=='Y' or y=='y':
            continue
        elif y=='N' or y=='n':
            print("开始发呆，按 Ctrl+C 退出")
            while 1:
                pass
        else:
```

```
        break
x=int(input("老狼老狼几点了？"))
if x==12:
    print("老狼来抓你啦！！！快跑吧！！！")

print("游戏结束。")
```

每问 5 次"老狼老狼几点了?"就会询问一次是否继续。如果选择继续，则执行 continue 语句，它的意思是结束本次循环，立即开始下一次循环。如果输入其他字符，则程序会执行 else 后面的 break 语句，它的意思是立即跳出整个循环。如果选择发呆，那么程序就会执行 elif 后面的程序块，这个程序块包含一个 while 无限循环，该循环的循环体只有一行 pass 语句，它的意思是"什么也不干！"这时，只有按 Ctrl+C 组合键才能退出这个无限循环。

运行程序，结果如图 14.5 所示。

```
============== RESTART: C:/Workspace/Chapter14/14.3break.py ==============
第 1 次:
老狼老狼几点了？1
第 2 次:
老狼老狼几点了？2
第 3 次:
老狼老狼几点了？3
第 4 次:
老狼老狼几点了？4
第 5 次:
老狼老狼几点了？5
你问了 5 遍了，老狼该休息了！
姑奶奶，您还玩吗？（选Y继续，选N发呆，选其他退出）y
第 6 次:
老狼老狼几点了？12
老狼来抓你啦！！！快跑吧！！！
第 7 次:
老狼老狼几点了？12
老狼来抓你啦！！！快跑吧！！！
第 8 次:
老狼老狼几点了？12
老狼来抓你啦！！！快跑吧！！！
第 9 次:
老狼老狼几点了？12
老狼来抓你啦！！！快跑吧！！！
第 10 次:
老狼老狼几点了？12
老狼来抓你啦！！！快跑吧！！！
你问了 10 遍了，老狼该休息了！
姑奶奶，您还玩吗？（选Y继续，选N发呆，选其他退出）n
开始发呆，按Ctrl+C退出
Traceback (most recent call last):
  File "C:/Workspace/Chapter14/14.3break.py", line 15, in <module>
    pass
KeyboardInterrupt
>>>
```

图14.5　改进的游戏运行结果

第 15 章
同学通讯录：字典

一转眼，小小毕业了。他和同学们依依不舍。他想把大家的联系方式都记录下来，将来好互相联系。他这样记录：

牛牛：四眼桥五里屯 6 号；小花：解放街凯旋路 18 号；石头：美丽村杨树林胡同 7 号；小丁：南湖大道文化街 9 号院。

15.1 制作通讯录：字典和键值对

有太多好朋友要记录，为此小小决定制作一个通讯录，通讯录中的每一条记录都包含一位同学的姓名和他的地址，比如，'牛牛':'四眼桥五里屯 6 号'。每条记录由两部分组成，前面一部分是姓名，后面一部分是地址，中间用冒号隔开。这种结构最大的好处就是可以通过冒号前面的部分（比如姓名）很快地找到冒号后面的部分（比如地址）。这种结构有个比较专业的名称——散列表。Python 中的一种数据类型——字典就是采用这种散列表结构来存放数据的。小小决定就使用字典来制作这个通讯录。

新建一个 Python 文件，保存到 C:\Workspace\Chapter15\15.1dict.py，代码如下：

```
#字典示例程序
addressList={'牛牛':'四眼桥五里屯6号','小花':'解放街凯旋路18号','石头':'美丽村杨树林胡同7号','小丁':'南湖大道文化街9号院'}
```

```
print("---------------小小的通讯录---------------")
print("addressList=",addressList)
```

字典是 Python 的标准数据类型，使用花括号（{}）来表示，其特点是每个元素都由两部分组成，前一部分称为键（key），后一部分称为值（value），两部分用冒号（:）隔开，这种形式称为键值对。多个元素之间仍然使用逗号（,）隔开。程序的运行结果如图 15.1 所示。

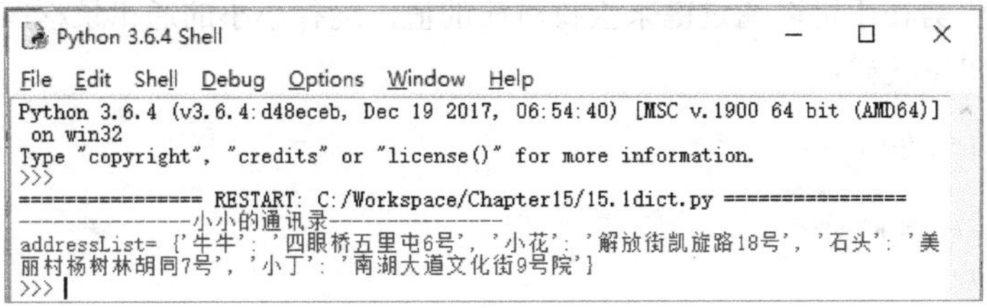

```
Python 3.6.4 Shell
File Edit Shell Debug Options Window Help
Python 3.6.4 (v3.6.4:d48eceb, Dec 19 2017, 06:54:40) [MSC v.1900 64 bit (AMD64)]
 on win32
Type "copyright", "credits" or "license()" for more information.
>>>
=============== RESTART: C:/Workspace/Chapter15/15.1dict.py ===============
---------------小小的通讯录---------------
addressList= {'牛牛': '四眼桥五里屯6号', '小花': '解放街凯旋路18号', '石头': '美
丽村杨树林胡同7号', '小丁': '南湖大道文化街9号院'}
>>>
```

图15.1 字典类型示例

关于字典有几点需要说明。

1. 空字典

使用一对花括号可以创建一个空字典。例如：

```
>>> x={}
>>> x
{}
```

2. 键的唯一性

键值对中的键在字典中必须是唯一的，而值可以重复。例如：

```
>>> {'语文':60,'数学':90,'语文':70,'英语':70}
{'语文': 70, '数学': 90, '英语': 70}
```

相同的键只会保留后者，而相同的值则是允许的。

3. 键的取值类型

- 键值对中的键可以使用数值、字符串、元组等不可变类型，不能使用 list、set 等可变的序列类型。而值则可以是任何的 Python 类型。例如：

```
>>> x=1;y='字符串';z=[1,2,3];m=(3,4)
>>> {x:'北京',y:2018,3:z,4:m}     #键类型合法，值可以是多种类型
{1: '北京', '字符串': 2018, 3: [1, 2, 3], 4: (3, 4)}
>>> {x:'北京',y:2018,z:'武汉'}     #键类型不能为 list
Traceback (most recent call last):
  File "<pyshell#16>", line 1, in <module>
```

```
    {x:'北京',y:2018,z:'武汉'}
TypeError: unhashable type: 'list'
```

15.2 通讯录的作用：访问字典元素

使用字典的优势在于可以通过键来查找对应的值。运行小小的通讯录程序，然后在运行结果后面继续输入以下代码：

```
>>> addressList["牛牛"]
'四眼桥五里屯6号'
>>> addressList["石头"]
'美丽村杨树林胡同7号'
```

使用方括号（[]）指明要访问的元素的 key 值即可获得对应的 value 值，这相当于使用 key 值作为元素的索引，这样就不需要关心元素在字典中存放的位置了。实际上，字典也无法使用序号作为索引，如下代码会产生错误：

```
>>> addressList[3]
Traceback (most recent call last):
  File "<pyshell#2>", line 1, in <module>
    addressList[3]
KeyError: 3
```

系统提示键错误（KeyError），意思是字典里没有3这个键。所以同样的道理，如果在访问字典元素时，不小心写错了键值，也会出现同样的错误。

字典是可变的数据类型，所以可以通过键值对的方式向字典中添加元素，修改原有元素的值以及删除指定元素。为了方便使用，小小修改了他的同学通讯录，并保存到 C:\Workspace\Chapter15\5.2addressList.py，其代码如下所示：

```
#字典示例程序
addressList={'牛牛':'四眼桥五里屯6号','小花':'解放街凯旋路18号','石头':'美丽村杨树林胡同7号','小丁':'南湖大道文化街9号院'}
print("---------------小小的通讯录---------------")
print("addressList=",addressList)
while True:
    op=input("请选择要做的操作：【1】添加；【2】修改；【3】删除；【0】退出\n")
    if int(op)==0:
        break
    elif int(op)==1:                          #添加元素
        name=input("新增姓名：")
        addr=input("住址：")
```

```
        addressList[name]=addr
        print("已添加")
    elif int(op)==2:                    #修改元素
        name=input("姓名(请勿写错)：")
        print(name,"的原地址为：",addressList[name])
        addrNew=input("请输入新的地址：")
        addressList[name]=addrNew
        print("已修改")
    elif int(op)==3:                    #删除元素
        name=input("姓名(请勿写错)：")
        print("【警告】需要删除姓名为",name,"的记录吗？")
        comfirm=input("回答Yes确认")
        if comfirm.lower()=='yes':
            del addressList[name]
            print("记录已删除")
        else:
            print("未删除")
print("addressList=",addressList)
print("------------------已退出------------------")
```

程序在显示整个字典的基础上，增加了一个选择操作，根据不同的选择可以进行增加元素、修改元素、删除元素的操作。在进行删除操作时特别增加了一次确认，在实际中经常需要这样做。由于这些操作可以重复进行，所以将全部操作放到了一个 while 循环中，并且设置，当输入为 0 时退出循环。

程序的运行结果如图 15.2 所示。

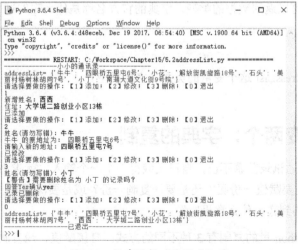

图15.2　具有编辑功能的通讯录

这真是一个强大的通讯录程序。小小可以把同学们的地址都记录下来，还可以随时整理整理。

15.3　记录了多少同学

记录了一段时间以后，小小想要知道自己记录多少同学了。他使用了字典的内置函数。先运行通讯录程序，然后在 Shell 中继续输入以下代码：

```
>>> len(addressList)
4
```

使用 len()函数就可以知道一个字典里有多少元素。len 就是英文 length 的缩写，就是长度的意思。

使用 str()函数可以将字典转换为字符串。例如：

```
>>> str(addressList)       #输出由字典转换来的字符串
"{'牛牛': '四眼桥五里屯 6 号', '小花': '解放街凯旋路 18 号', '石头': '美丽村杨树林胡同 7 号', '小丁': '南湖大道文化街 9 号院'}"
>>> addressList      #输出字典
{'牛牛': '四眼桥五里屯 6 号', '小花': '解放街凯旋路 18 号', '石头': '美丽村杨树林胡同 7 号', '小丁': '南湖大道文化街 9 号院'}
```

这段代码对由字典转换而来的字符串和直接输出的字典做了对比，你看出区别在哪了吗？（字符串由双引号括起来）。

使用 type()函数可以返回数据的类型，字典的官方名称是什么呢？试一试就知道：

```
>>> type(addressList)
<class 'dict'>
```

'dict'表示 addressList 这个变量的类型是字典类型。

15.4　一个变两个：字典的复制

牛牛看到小小的通讯录羡慕不已，自己又懒得一个一个输入，就求小小给他复制一份。小小问牛牛："请问你是要赋值一份呢？还是要浅复制一份？或是要深复制一份？"牛牛有些晕头转向，问道："你说的到底是什么意思？"

小小告诉他，Python 里的复制有 3 种不同的方式：直接赋值、浅复制和深复制。下面举例说明。

1. 直接赋值

直接赋值其实就是给对象再起一个别名，两个名字指向同一个内存区域。例如：

```
>>> 牛牛的通讯录=addressList
>>> id(牛牛的通讯录)
2146964178552
>>> id(addressList)
2146964178552
```

变量"牛牛的通讯录"和变量 addressList 的 id 是一样的，说明它们指向同一块内存。所以，如果改变其中一个变量，则另一个也会跟着改变。例如：

```
>>> 牛牛的通讯录['王大力']='东湖区环湖大道王家庙 1 号'
>>> print(牛牛的通讯录)
{'牛牛': '四眼桥五里屯 6 号', '小花': '解放街凯旋路 18 号', '石头': '美丽村杨树林胡同 7 号', '小丁':
'南湖大道文化街 9 号院', '王大力': '东湖区环湖大道王家庙 1 号'}
>>> print(addressList)
{'牛牛': '四眼桥五里屯 6 号', '小花': '解放街凯旋路 18 号', '石头': '美丽村杨树林胡同 7 号', '小丁':
'南湖大道文化街 9 号院', '王大力': '东湖区环湖大道王家庙 1 号'}
```

2. 浅复制

浅复制使用 copy()方法。以字典为例，浅复制的意思就是创建一个新的字典，占用不同的内存，但字典内部的元素还是指向原来元素的内存地址。例如：

```
>>> 小花的通讯录=addressList.copy()
>>> addressList
{'牛牛': '四眼桥五里屯 6 号', '小花': '解放街凯旋路 18 号', '石头': '美丽村杨树林胡同 7 号', '小丁':
'南湖大道文化街 9 号院', '王大力': '东湖区环湖大道王家庙 1 号'}
>>> 小花的通讯录
{'牛牛': '四眼桥五里屯 6 号', '小花': '解放街凯旋路 18 号', '石头': '美丽村杨树林胡同 7 号', '小丁':
'南湖大道文化街 9 号院', '王大力': '东湖区环湖大道王家庙 1 号'}
>>> id(addressList)
2543584446144
>>> id(小花的通讯录)
2543584979704
```

两个变量的内容一致，但 id 不同，这说明它们处于不同的内存区域。但是，其内部的元素还是指向相同的内存区域。例如：

```
>>> id(addressList['牛牛'])
2543584491536
>>> id(小花的通讯录['牛牛'])
2543584491536
```

只复制外层，不复制内层，所以叫作浅复制。

3. 深复制

深复制就是由外到内完全复制。Python 中没有内置深复制函数，其定义在 copy 模块中，而且使用格式也不同。例如：

```
>>> import copy        #引入 copy 模块
>>> 石头的通讯录=copy.deepcopy(addressList)
>>> id(石头的通讯录)
2543584979776
>>> id(addressList)
2543584446144
>>> id(石头的通讯录['王大力'])
2543584665088
>>> id(addressList['王大力'])
2543584665088
```

看到了吗？两个字典的 id 不同，两个字典里对应元素的 id 也不同，说明这是彻彻底底的两个不同的变量，占用完全不同的内存区域，只是两块内存区域里存放的数据是一样的。

除了 copy()函数以外，还有其他一些内置字典函数，如表 15.1 所示。

表 15.1 Python 中的内置字典函数

函数	说明
Dict.clear()	删除字典内所有元素
Dict.fromkeys()	创建一个新字典，以序列 seq 中元素做字典的键，val 为字典所有键对应的初始值
Dict.get(key, default=None)	返回指定键的值，如果值不在字典中则返回 default 值
key in Dict	如果键在字典 Dict 中则返回 True，否则返回 False
Dict.items()	以列表返回可遍历的(键, 值) 元组数组
Dict.keys()	以列表返回一个字典所有的键
Dict.setdefault(key, default=None)	和 get()函数类似，但如果键不存在于字典中，则添加键并将值设为 default
Dict.update(dict2)	把字典 dict2 的键值对更新到 Dict 中
Dict.values()	以列表返回字典中的所有值
Dict.pop(key[,default])	删除字典给定键 key 所对应的值，返回值为被删除的值。必须给出 key 值，否则，返回 default 值
Dict.popitem()	随机返回并删除字典中的一对键和值（一般删除末尾对）

好了，又有人要来复制小小的通讯录了，这些函数就留给他们慢慢使用吧！

第 16 章

飞越地平线：基本队列

生命里还有什么比放假更令人高兴的事呢？假期里还有什么比去迪士尼更令人高兴的事呢？明天，爸爸要带小小去迪士尼乐园了，小小兴奋得一晚上都没睡着。

16.1 乐园永恒的主题：创建队列

迪士尼乐园名气最大的节目要算"飞越地平线"了，小小和爸爸直奔重点。来到门前一看傻了眼，长长的队伍看不到尽头，只好在后面老老实实排队。看来排队的时间会很长，小小趁机创建了一个队伍的模型。打开 Python IDLE Shell，选择菜单命令 File→New File，新建一个程序，保存到 C:\Workspace\Chapter16\16.1queue.py，并输入以下代码：

```
#队列演示
import queue                    #引入队列模块
line=queue.Queue()              #创建队列
```

首先使用 import 语句引入一个 Python 模块 queue，这个单词是队列的意思。然后使用 queue 的 Queue() 方法创建一个队列，赋给 line 这个变量。这个队列可以容纳很多人，但是目前是空的。为了证明队列是空的，可以输入以下代码测试：

```
if line.empty():                #测试队列是否为空
    print("队列 line 为空")
```

运行程序，输出结果如图 16.1 所示。

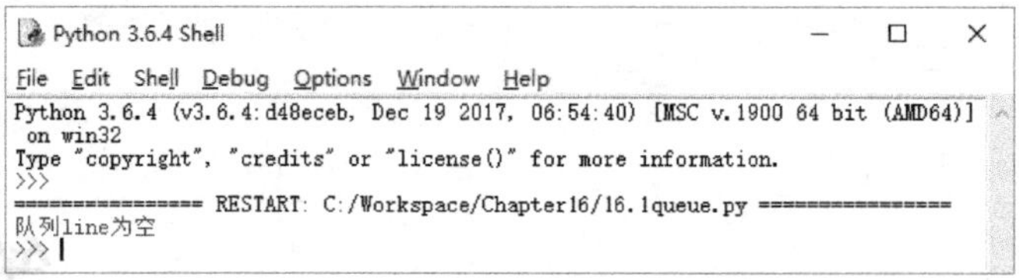

图16.1 创建一个空的队列

队列，英文是 Queue。Queue 并不是 Python 的标准数据类型，但它是一种常用的数据结构。Queue 在 Python 的 queue 模块里定义，所以使用前必须先引入 queue 模块。

不管你什么时候去迪士尼乐园，都会发现所有的项目都排了长长的队伍，这真是它永恒的主题。

16.2 FIFO：队列的基本性质

小小和爸爸在"飞越地平线"的队伍里慢慢地往前挪动，他们后面还在一个跟一个地排进新的人，而排在队伍的第一个人总是最先进入游戏。队列很像迪士尼中排队的模型，先进入队列的总是先出去，这简称为先进先出，或者更简单地称为 FIFO（first in first out），如图 16.2 所示。

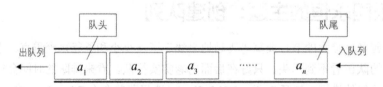

图16.2 先进先出：队列的基本性质

小小一看，前面起码还有 50 个人，他把刚才创建的 Python 队列修改了一下，把 50 个人先放到队列里，他使用 for 循环来做这件事。在前面的程序后面添加如下代码：

```
#向队列放入元素
for person in range(50):
    line.put("路人"+str(person))
```

然后小小和爸爸一前一后也排进队列：

```
line.put("小小")
line.put("爸爸")
```

队列使用 put() 方法来放入元素，一次只能向队尾放进一个元素，先 put 进去的自然排在前面，后 put 进去的排在后面。相应地，队列使用 get() 方法来取出队头的一个元素。由于每次只能从队头取一个元素，所以不能指定取出谁。为了展示队列的 FIFO，这里使用一个简单变量来存储从队列里取出的元素，具体代码如下：

```
x=line.get()
print(x)
x=line.get()
print(x)
```

选择菜单命令 Run→Run Module，运行程序，结果如图 16.3 所示。

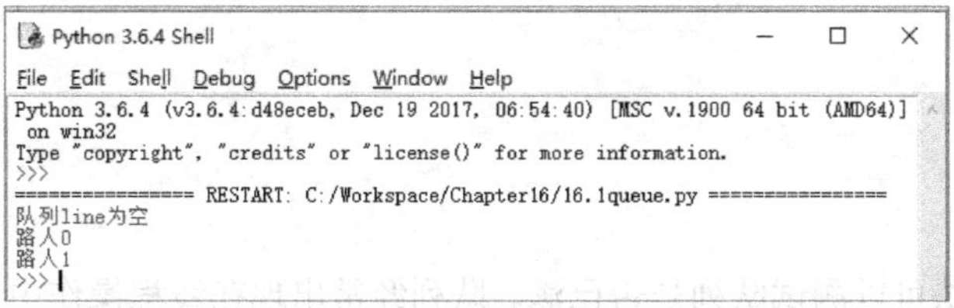

图16.3 先进先出演示

可以看出，每次执行 get() 方法后，总是排在队列最头部的元素被取出。

根据队列的 FIFO 特性，如果要轮到小小，则要先把他前面的 50 个人都依次取出。再次打开前面的队列程序，添加代码如下：

```
#取出并依次输出队列里的元素
person=[]
for i in range(line.qsize()):
    person.append(line.get())
print(person)
```

先创建一个列表类型变量 person，然后使用 for 循环，将所有的元素取出，结果如图 16.4 所示。

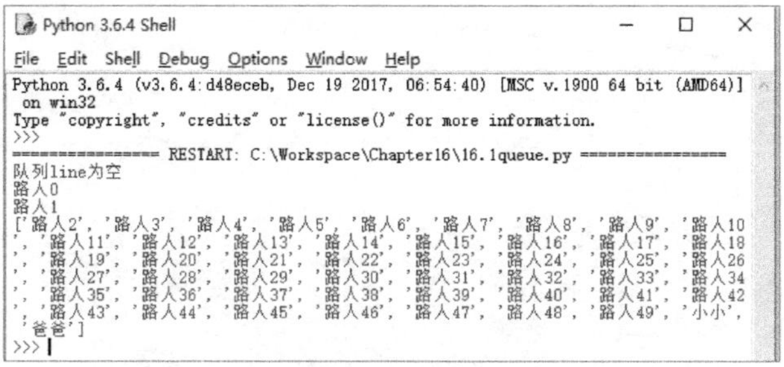

图16.4 取出所有的元素

在该代码中使用了队列的 qsize()方法，该方法返回队列中元素的个数。当所有的元素都取出后，队列中就没有元素了。在 Python Shell 中执行以下代码检测一下：

```
>>> line.empty()
True
```

可以看出，队列空了。那么队列会不会被装满呢？会。如果创建队列时指定了队列的大小，则队列就有排满的可能。比如：

```
>>> import queue
>>> q=queue.Queue(2)
>>> q.put('小小')
>>> q.put('爸爸')
>>> q.full()
True
>>> q.qsize()
2
```

队列的 full()方法可以测试队列是否已满。队列经常出现在线程操作中，关于线程的知识会在后续的内容中讲解。现在不多说了，终于轮到小小和爸爸去玩"飞越地平线"了！

第 17 章
小小建筑师：函数与参数传递

小小收到了一份生日礼物，是一套乐高积木。他一会儿拼辆汽车，一会儿拼座楼房，简直爱不释手。但是他每次拼新的东西时，都要花很大的力气把积木一个一个地拆下来，然后再一个一个地拼起来。

17.1 墙壁和地板：函数的定义和调用

玩得多了，小小发现他拼的许多东西都有相同的组成部分，比如不管拼几层楼房，都得有墙壁和地板。那么，就不需要花费太多的力气把积木全都拆成最小的单位。可以保留这些墙壁和地板以重复使用。Python 也像小小玩乐高积木一样，把一些常用的小程序保存起来，并且起一个好记的名字，以供将来重复使用，这种小程序称为"函数"。通常一个函数只实现单一的功能。

其实对于函数我们并不陌生，在之前的内容中，我们已经不知不觉地使用了许多 Python 的内置函数。所谓内置函数，就是 Python 已经事先创建好了，可以直接拿来使用的函数，比如 print() 函数和 input() 函数。

在 Python 中，如果经常重复使用一些代码，可以把它们创建为一个函数，这可以大大减少编程工作量。用户创建的函数叫作自定义函数。定义函数时要使用 def 关键字，格式如下：

def 函数名(参数列表)：
　　函数体

说明如下:

- def 关键字的意思为定义（define），函数名就是函数的标识。在实际编程中，建议给函数起个有意义的名字。
- 函数名后面圆括号中间的部分为参数，因为可以使用不止一个参数，也可以不使用参数，所以称其为参数列表，多个参数之间用逗号（,）隔开。
- 函数体就是每次函数被调用时要执行的一段程序。
- 函数都具有返回值。如果函数体中的最后一条语句是 return 语句，则返回 return 后面的内容。如果没有 return 语句，则返回空值。

小小要将建造墙壁和建造地板的方法都定义成函数，为此他新建了一个 Python 文件，保存到 C:\Workspace\Chapter17\17.1def.py，代码如下:

```
#定义printWall()函数
def printWall(width):
    print('|',' '*width,'|')

#定义Floor()函数
def Floor(width):
    return '-'*width

#调用函数，输出图案
print(Floor(15))                #Floor(15)有返回值
for x in range(1,5):
    printWall(11)
print(Floor(15))
for x in range(1,5):
    printWall(11)
print(Floor(15))
```

在该程序中，使用 def 关键字分别定义了函数 printWall()和函数 Floor()。其中 printWall()函数没有返回值，函数体为一条 print()语句，用于输出一定数量的墙壁（用"|"符号表示）。而 Floor()函数有返回值，为一个字符串，表示地板（用"—"符号表示）。

接下来调用这两个函数，给出需要的参数，建造一座"两层的楼房"，运行结果如图 17.1 所示。

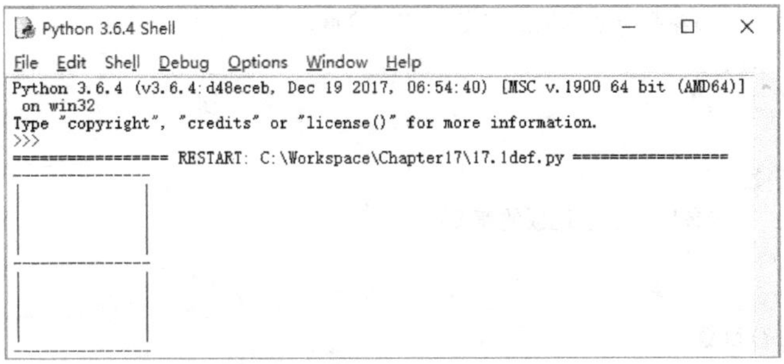

第 17 章 小小建筑师：函数与参数传递

图17.1 函数的调用示例

需要注意，有返回值的函数和没返回值的函数在调用时有所不同。有返回值的函数，可以预计它要产生的结果，并把这个预计的结果用一个变量来表示。比如，此例中的print(Floor(15))语句，会输出"地板"。而无返回值的函数，可以直接将其作为一条语句来使用。比如，此例中的printWall(11)语句，会输出"墙壁"。

17.2 参数传递

在上面代码中定义的两个函数 printWall() 和 printFloor() 都有一个参数 width。在定义函数时会给参数分配地址空间，但其并没有实际的数据，我们称这种参数为形式参数，简称形参。对于形式参数，可以认为它只是一个占位符，在函数体中先占据一个位置。

定义好函数后，就可以使用函数名称来调用了。在调用函数时，需要填写参数实际的值，这称为实际参数，简称实参。实参被赋给对应位置的形参，这时形参获得了实际值，然后参与执行函数体中事先定义的操作，如图 17.2 所示。

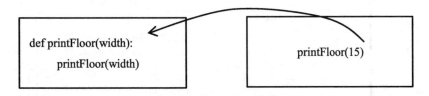

图17.2 函数调用中的参数传递

在进行函数调用时，要保证实参和形参的数量和位置一致。

小小请小花也来设计楼房，由她自己决定盖多宽，盖多高，于是他又新建了一个程序，保存到C:\Workspace\Chapter17\17.2building.py，并输入以下代码：

```
#参数传递试验
#定义printWall()函数
```

```
def printWall(w,h):        #参数w表示墙的宽度,h表示高度
    for x in range(h):
        print('|',' '*w,'|')

#定义printFloor()函数
def printFloor(w):         #参数w表示地板的宽度
    print('-'*(w+4))

#定义printBuilding()函数
def printBuilding(w,h,r):       #参数layer表示楼房的层数
    for x in range(r):
        printFloor(w)              #调用printFloor()
        printWall(w,h)             #调用printWall()
    printFloor(w)


width=int(input("请输入墙的宽度："))
height=int(input("请输入层高："))
layer=int(input("请输入层数："))
#调用
printBuilding(width,height,layer)
```

先让小花体验一下。运行程序，输入墙宽、层高和层数，程序立马画出如图17.3所示的图案。

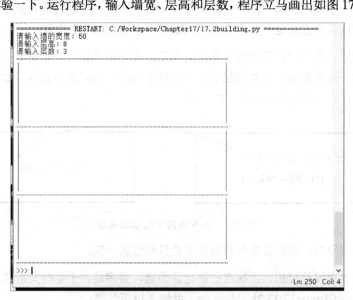

图17.3　由用户指定墙宽、层高和层数的楼房

这一次在新的程序中定义了全新的printWall()函数，该函数有两个形参——w表示墙宽，h

表示层高。printFloor()函数，该函数有一个形参——w。经过测试发现地板要比墙宽多 4 个符号，所以绘图时需要增加 4 个符号。还定义了一个 printBuilding()函数，该函数有 3 个形参——w、h 分别表示宽度和高度，r 表示层数。

重点来了，为了让小花自己设计楼房，使用了三个变量 width、height 和 layer 来存放输入的整数，并作为函数调用时的实际参数。在调用函数时，在实参和形参之间进行了参数传递。例如，将实参 width 的值 50 赋给形参 w。这里 width 和 w 看上去是两个不同的变量，真是这样吗？小小表示怀疑。

对程序做如下两处修改：

- 在 printBuilding()的函数体最末尾添加一行语句：

```
print('w的id: ',id(w))
```

这行代码将输出形参 w 的 id 号，即 w 的内存地址。

- 在上述代码的最末尾添加如下语句：

```
print('width的id: ',id(width))
```

这行代码输出实参 width 的 id 号，即 width 的内存地址。

w 和 width 如果是两个不同的变量，不出意外的话，它们应该有不同的地址。我们拭目以待吧！保存并运行程序，得到如图 17.4 所示的结果。

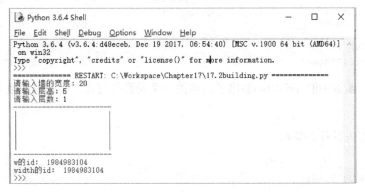

图17.4 输出形参和实参的地址

天哪！发现了吗？两个变量 w 和 width 竟然具有相同的地址，都是 1984983104。也就是说，w 和 width 这两个参数实际上是同一块内存区域的两个不同的名字而已，或者说这两个参数指向同一个变量，如图 17.5 所示。

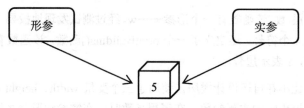

图17.5　两个参数指向同一块内存

通过这个试验,小小了解到,在Python中,参数的传递实际上是把实参指向形参已经具有的那块内存区域,并没有为实参再次创建新的内存区域,这种方式叫作"引用"。

采用引用方式传递参数会带来一个影响:当调用函数时,如果改变了实参的值,这虽然表面上看起来好像和形参没有关系,但是实际上形参的值也会跟着改变——谁叫它们指向同一个地址呢?我们做一个小试验。首先定义一个函数 printList:

```
>>> def printList(lst):
 lst.append(id(lst))
 print(lst)
```

这个函数接受一个参数 lst,然后向 lst 末尾添加一个元素,这里该元素被指定为形参 lst 的地址,当然也可以是其他值。

接下来调用该函数。要求传入的实参是一个列表类型。调用之前先查看一下实参的地址。

```
>>> a=[1,2,3]
>>> id(a)
2099404758664
>>> printList(a)
[1, 2, 3, 2099404758664]
```

调用成功,函数中的 print(lst)输出了新增的一个元素的列表。看起来函数并没有对实参 a 做什么操作。

接下来再回头看看实参 a。

```
>>> a
[1, 2, 3, 2099404758664]
```

果然,如前所述,在实参和形参之间采用了"引用"的方式传值,所以当形参 lst 改变(添加了新元素)时,实参 a 也和原来不一样了。

了解了函数和参数传递的原理,你不打算和小小建筑师一起盖一座大楼吗?

第 18 章
幸运大转盘：随机数发生器

蛋糕店正在进行一项促销活动——"幸运大转盘"，每天从购买蛋糕的顾客中抽取一名幸运顾客，并给其发放小礼物作为答谢。小小觉得写个程序来实现"幸运大转盘"活动更加刺激。

18.1 谁是幸运顾客：choice()

今天一共有 30 名顾客购买了蛋糕，每位顾客的购物小票上都有一个编号。小小决定用一个列表 customNumber 来存储小票的编号，然后再从 customNumber 中随机选择一个号码作为幸运号码。小小新建了一个程序，保存到 C:\Workspace\Chapter18\18.1choice.py，代码如下所示：

```
#随机数应用示例 1
import random              #导入 random 模块
customNumber=[]             #顾客小票编号
for i in range(1,30):       #假设编号从 1~30
    customNumber.append(i)
lucky=random.choice(customNumber)
print("今天全部的小票编号是：",customNumber)
print("今天的幸运顾客是：小票编号为",lucky,"的顾客！")
```

运行程序，结果如图 18.1 所示。

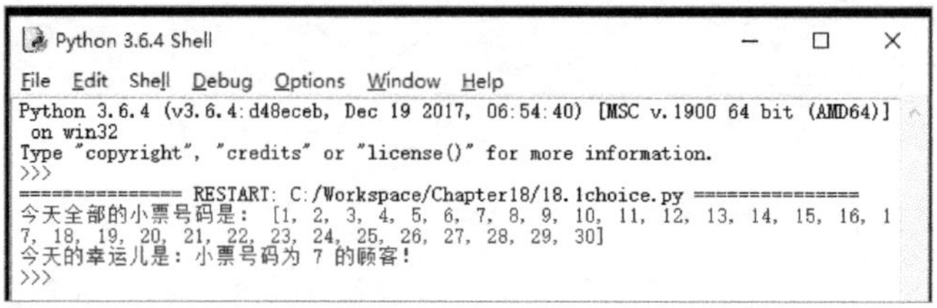

图18.1 随机数应用示例1

Random.choice(customNumber)用于从列表 customNumber 中随机选择一个元素。关于这个程序要注意两点：

- 必须先使用 import random 语句导入 random 模块，然后才能使用随机数相关功能。
- 这里 customNumber 列表不能为空。

18.2 免费的蛋糕：sample()

经过几天促销，顾客们似乎对"幸运大转盘"活动不感兴趣了。小小决定想点新花样，每天选两款蛋糕，凡是购买了这两款蛋糕的顾客可以获得免单的机会。他打开 Python IDLE Shell，创建了一个新文件，保存到 C:\Workspace\Chapter18\18.2sample.py，并输入如下代码：

```
#随机数应用示例2
import random
#蛋糕店的菜单
menu=('黑森林蛋糕','布朗尼蛋糕','舒芙里','提拉米苏','瑞士卷','海绵蛋糕','水果大理石蛋糕','咖啡酸奶核桃蛋糕','卡士达抹茶蛋糕')
print("全部蛋糕: ",menu)
#要免费的两种蛋糕
freeCake=random.sample(menu,2)
print("今天的免费品种是: ",freeCake)
```

这段代码首先输出包含全部蛋糕名称的元组 menu，然后使用 random 模块的 sample()函数从 menu 中随机抽出两款蛋糕构成一个列表 freeCake。程序执行结果如图 18.2 所示。

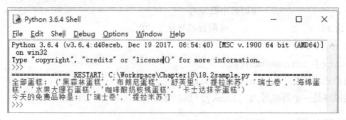

图18.2 随机数应用示例2

sample()函数的格式如下：

```
random.sample(p, k)
```

该函数用于从参数 p 序列中随机挑选出 k 个元素组成新的列表。函数的返回值就是这个新列表。

使用一个简单的 sample()函数就搞了一个更加刺激的促销活动，蛋糕店的生意更加好了。

18.3 洗牌：shuffle()

今天来了个刁钻的顾客，他说："你们肯定每次都是选最便宜的蛋糕来促销！哼！"小小觉得简直太冤枉了。但是顾客是上帝，他决定让顾客自己来选！

新建一个 Python 文件，保存到 C:\Workspace\Chapter18\18.3shuffle.py，并输入如下代码：

```
#随机数应用示例 3
import random
#蛋糕店的菜单
menu=('黑森林蛋糕','布朗尼蛋糕','舒芙里','提拉米苏','瑞士卷','海绵蛋糕','水果大理石蛋糕','咖啡酸奶核桃蛋糕','卡士达抹茶蛋糕')；
print("全部",len(menu),"款蛋糕：",menu)
#元组转换成列表
menuList=list(menu)
#打乱菜单中蛋糕的顺序，再由顾客抽号
random.shuffle(menuList)
sel=int(input("请抽取免费蛋糕（0-9）"))
print("从【",menuList,"】中产生的第一款免费蛋糕是：【",menuList[sel],"】")
random.shuffle(menuList)
sel=int(input("请抽取免费蛋糕（0-9）"))
print("从【",menuList,"】中产生的第二款免费蛋糕是：【",menuList[sel],"】")
```

这段代码最核心的部分就是 shuffle()函数，也称"洗牌"函数，该函数专门用于打乱给定序列中元素的顺序。它的一般格式如下：

```
random.shuffle(x)
```

注意：只有列表这样的可变且有序序列可以进行 shuffle 操作，而元组、集合、字符串、字典等都不能进行 shuffle 操作。因此要先将不可变的元组 menu 转换成列表。
程序运行结果如图 18.3 所示。

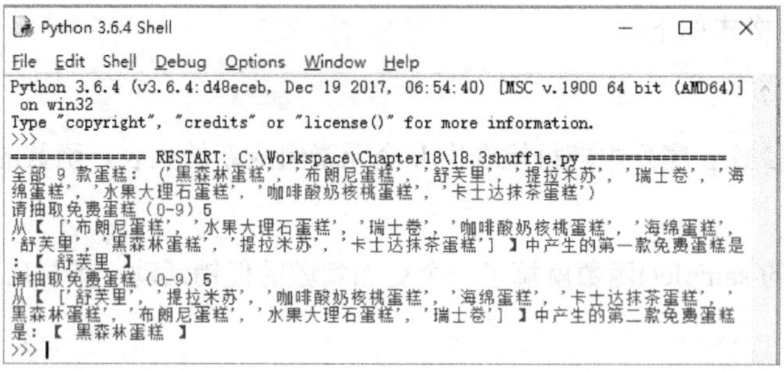

```
Python 3.6.4 Shell                                          —  □  ×
File Edit Shell Debug Options Window Help
Python 3.6.4 (v3.6.4:d48eceb, Dec 19 2017, 06:54:40) [MSC v.1900 64 bit (AMD64)]
 on win32
Type "copyright", "credits" or "license()" for more information.
>>> 
============== RESTART: C:\Workspace\Chapter18\18.3shuffle.py ==============
全部 9 款蛋糕：('黑森林蛋糕', '布朗尼蛋糕', '舒芙里', '提拉米苏', '瑞士卷', '海
绵蛋糕', '水果大理石蛋糕', '咖啡酸奶核桃蛋糕', '卡士达抹茶蛋糕')
请抽取免费蛋糕(0-9) 5
从 【 ['布朗尼蛋糕', '水果大理石蛋糕', '瑞士卷', '咖啡酸奶核桃蛋糕', '海绵蛋糕',
'舒芙里', '黑森林蛋糕', '提拉米苏', '卡士达抹茶蛋糕'] 】中产生的第一款免费蛋糕是
：【 舒芙里 】
请抽取免费蛋糕(0-9) 5
从 【 ['舒芙里', '提拉米苏', '咖啡酸奶核桃蛋糕', '海绵蛋糕', '卡士达抹茶蛋糕',
'黑森林蛋糕', '布朗尼蛋糕', '水果大理石蛋糕', '瑞士卷'] 】中产生的第二款免费蛋糕
是：【 黑森林蛋糕 】
>>> 
```

图18.3　随机数应用示例3

虽然这位刁钻的顾客两次都选了 5，但是产生的结果却是随机的。看着在一旁洋洋得意的小小，这位刁钻的顾客也没话可说了。蛋糕店从此名声更大了！大家都说小小是个促销能手！

其实这都是在 random 模块中定义的各种函数的功劳。这些能够产生随机数的函数被称为"随机数发生器"。除了 choice、sample 和 shuffle 外，random 模块中还有其他一些随机数发生器，常用的如表 18.1 所示。

表 18.1　random 模块中其他常用的随机数发生器

函数	说明
random.getrandbits(n)	返回一个存储空间为 n 比特的随机整数
random.randrange(start, stop[, step])	从 range(start,stop,step) 中返回一个随机数
random.randint(a, b)	返回一个随机整数 N，$a \leq N \leq b$
random.random()	返回一个[0.0,1.0]之间的随机浮点数
random.uniform(a, b)	返回一个[a,b]之间的随机浮点数

其他的随机数相关函数就不一一列举了，可以查看 Python 的官方文档来详细了解。

总之，这个世界并不是绝对有序的，相反，随机的情况随处可见。同学们交上来的作业本并没有按顺序摆放，树上树叶的颜色并不会从浅到深有序变化，大家早上不会按学号先后顺次到达教室，玩游戏时掷出的骰子也不会总是从大到小依次出现……因此，了解一些能产生随机数的随机数发生器是很有必要的。

第 19 章

爷爷的怪蛋糕：类和对象

这一天，小小的爷爷来到蛋糕店，他在厨房捣鼓了一阵，做出来一款小小从来没见过的奇怪蛋糕。首先，这个蛋糕是三角形的，看起来表面没有使用奶油，但是却有五种颜色。最奇怪的是，爷爷说这个蛋糕要用吸管来吃。

19.1 蛋糕模板：类的定义

小小问爷爷："这个奇怪的蛋糕叫什么名字呢？"爷爷说："还没想好呢！反正是蛋糕的一种。"聪明的小小觉得该这么描述这个没有名字的蛋糕：

1. 不管怎么样，它是一个物体。
2. 它具有一些特征（或者属性），比如，三角形、没奶油、五种颜色。
3. 可以对它采取一些动作，或者执行一些"方法"，比如，可以吃它，还可以用吸管"喝"它，当然还可以出售它。

这个蛋糕虽然奇怪，但是销售却异常火爆，供不应求。小小拿出"蛋糕制造机"来帮忙，但是"蛋糕制造机"只能按照蛋糕的模板来生产蛋糕。于是，小小先为这款奇怪的蛋糕创建一个模板。打开 Python IDLE Shell，新建一个文件，保存到 C:\Workspace\Chapter19\Xcake.py，输入代码如下：

```
#创建类
class Xcake:
    name="古怪蛋糕"
```

```
colorNumber=5
color=['红','黄','蓝','绿','黑']
shape='三角形'
creamContent=0

def eat(self):
    return '吃我啊!吃我啊!'

def drink(self):
    return '喝我啊!喝我啊!'

def sell(self):
    return '买我啊!买我啊!'
```

这段代码创建了一个生产这种古怪蛋糕的模板,模板名称叫作 Xcake,在模板内部指明了这种蛋糕的名字、颜色、形状和奶油含量,还指明了使用这种蛋糕的三个方法:eat、drink 和 sell。

在 Python 中称这种模板为"类",并使用关键字 class 来创建类。类中包含两部分内容:

- 一系列的变量及其初始值,称这些变量为这类对象的"属性"。
- 一系列函数的定义,称这些函数为这类对象的"方法"。

创建类以后,凡是根据这个类创造的东西,统统称为类的"实例",也称为类的"对象"。Python 支持类和对象的所有概念和技术,是一种面向对象的语言。面向对象的编程,被亲切地称为 OOP,其是英文"Object Oriented Programming"的缩写。

不仅 Python,许多程序设计语言都使用 OOP 技术。表 19.1 中列出了 OOP 的一些基本概念。

表 19.1 OOP 的基本概念

概念	解释
类	用来描述具有相同属性和方法的一类事物的模板。类定义了这些事物所共有的属性和方法。使用 calss 关键字创建类
对象	通过类定义的每个具体事物称为类的"对象"。对象包括数据成员(类变量和实例变量)和方法
实例化	创建一个类的对象的过程称为"实例化"。对象是类的实例
方法	在类中定义的函数。与普通函数不同,方法必须有第一个参数,代表类的实例。习惯上使用 self 来命名这个参数
类变量	定义在类中且在函数体之外的变量。类变量在整个实例化的对象中是公用的
实例变量	在类的方法中定义的变量,只用于当前实例
继承	可以在一个类的基础上创建新的类,这一现象称为"继承"。新的类称为"派生类(derived class)"或"子类",基础类称为"基类(base class)"或"父类"。派生类继承基类的字段和方法

续表

概念	解释
重写	如果从父类继承的方法不能满足子类的需求，则可以对其进行改写，这个过程叫作方法的覆盖，也称为方法的重写

这里暂不深入讲解这些概念，后面会有详细说明。可以在一个文件中定义多个类。在使用文件中定义的类之前，需要使用 from...import...来引入类。

19.2 制造蛋糕：创建对象

创建好了 Xcake 类后，就可以开动蛋糕制造机来快速生产这种奇怪的蛋糕了。运行 Xcake.py 程序，打开 Python IDLE Shell。这时虽然看起来好像什么也没有发生，但实际上已经在内存中加载了 Xcake 类。接下来输入以下代码就可以创建一个 Xcake 的对象：

```
>>> cake1=Xcake()
```

这样一行代码，就创建了一个 cake1 对象，它具有 Xcake 类所定义的所有属性和方法。在 Python 中，可以使用对象名加点号(.)来引用对象的属性和方法。下面新建一个文件 19.1cakeObj.py，以演示如何创建和使用对象。代码如下：

```
#对象示例
from Xcake import Xcake                              #引入类
cake1=Xcake()                                         #实例化
print("这个蛋糕有：",cake1.colorNumber,"种颜色")       #使用对象的属性
print("蛋糕的颜色有：",cake1.color)
print("吃蛋糕时，它会说：",cake1.eat())                #使用对象的方法
print("出售时，它会说：",cake1.sell())
```

这段程序首先创建一个 Xcake 的实例——cake1 对象。然后使用几个 print() 函数进行输出，在 print() 的参数中调用了对象的属性和方法。运行程序，结果如图 19.1 所示。

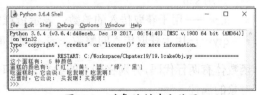

图19.1 对象的创建和使用

19.3 如何制造蛋糕？构造方法

蛋糕制造机是如何制造出一个蛋糕的呢？这解释起来有点复杂，不过小小觉得它的工作原理有点像在类里面定义的一种特殊方法——构造方法。每当需要创建对象时，就会调用类的构造方法，这时，在构造方法里创建的那些函数就会被执行。这些函数就会创建对象的属性。

到底构造函数长什么样呢？还是通过小小的 Xcake 类来看一看吧。打开 Xcake.py 文件，在文件末尾添加一个新的类，代码如下：

```
#创建类
class XcakePlus:
#定义类变量，也称属性
    name="古怪蛋糕加强版"
    price=15                                            #单价

#定义构造方法
    def __init__(self,size,qty):
        self.size=size
        self.qty=qty

#定义其他方法
    def eat(self):
        print('吃我啊！吃我啊！')
    def sumPrice(self):                                 #计算总价
        print("一共：",self.qty*self.price,"元")
    def preview(self):
        print("您要的蛋糕是：",self.name,"，尺寸：",self.size,"号",self.qty,"个。")
```

XcakePlus 类定义了 3 个属性和 4 个方法，其中名为 __init__ 的方法，一看其名字就比较特殊，它的名字以两个连续的下画线开始和结束，而且中间必须是 init，这就是类的构造方法。本例中的这个构造方法有 3 个参数：

- self——用于获取类的实例。它是必需的，且必须为第一个参数，名称随意，但习惯上使用 self。
- size——用于获取传入的整数，表示蛋糕的尺寸。
- qty——用于获取传入的整数，表示购买的个数。

函数体有两行代码，分别将传入的参数 size 和 qty 赋给类对象的属性。使用 self.size 和 self.qty 表示对象的属性。

在 Python 中，每个类只能有一个构造方法。如果类中没有自定义的构造方法，如前面的 Xcake 类，Python 会使用默认的构造方法。默认构造方法是只有一个 self 参数的方法。

值得注意的是，在定义类时，如果要在方法中使用对象的属性，则需要使用 self.size、self.qty、self.price 这样的形式。

定义好 XcakePlus 类以后，就可以创建它的对象了。新建一个文件 19.2cakeObj.py，输入以下代码：

```
#对象示例2
from Xcake import XcakePlus                    #引入类

#创建对象
cake1=XcakePlus(12,2)                          #实例化

#直接使用类变量
print("品种: ",XcakePlus.name)
print("单价: ",XcakePlus.price)

#展示对象的方法
cake1.preview()
cake1.sumPrice()
```

这段程序首先引入 XcakePlus 类,然后依照构造方法创建对象 cake1,传入两个参数 12 和 2。这时 cake1 对象的两个属性 size 和 pty 就分别获得了值 12 和 2。接下来展示了类变量的使用,直接使用"类名.类变量名"的形式。然后展示了对象方法的使用,使用"对象名.方法名"的形式来调用。程序执行的结果如图 19.2 所示。

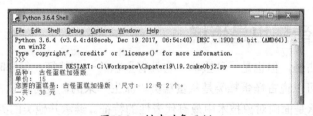

图19.2 创建对象示例

面向对象编程的好处是可以使用类来快速创建多个对象。例如,可以在 IDLE Shell 的提示符后面继续创建多个古怪蛋糕加强版的实例:

```
>>> cake1=XcakePlus(8,1)
>>> cake2=XcakePlus(10,2)
>>> cake3=XcakePlus(12,1)
>>> cake1.preview()
您要的蛋糕是:古怪蛋糕加强版,尺寸: 8 号 1 个。
>>> cake2.preview()
您要的蛋糕是:古怪蛋糕加强版,尺寸: 10 号 2 个。
>>> cake3.preview()
您要的蛋糕是:古怪蛋糕加强版,尺寸: 12 号 1 个。
```

是不是很简单!一眨眼,小小已经生产了大量的"古怪蛋糕加强版"!

第 20 章
蛋糕家族：类的继承

20.1 古怪蛋糕也是蛋糕

古怪蛋糕虽然古怪，但也是一种蛋糕，它具有蛋糕的一切特征，但同时又具有区别于其他品种的独特属性。可以说古怪蛋糕类是从蛋糕类"派生"来的，也可以说古怪蛋糕类"继承"了蛋糕类。类的继承是面向对象技术中最有代表性的特征。继承其他类的类称为"子类"，被继承的类称为"父类"；也可以分别称为"派生类"和"基类"。

既然类之间可以"继承"，那么小小发明的 XcakePlus 类完全可以继承爷爷发明的 Xcake 类，而 Xcake 类也同样可以继承祖先们发明的 Cake 类。打开 Python IDLE Shell，新建一个文件，保存到 C:\Workspace\Chapter20\Derive.py，输入以下代码：

```
#类的继承
#父类 Cake
class Cake:
    #定义类变量
    name="蛋糕"
    color=['黄']

    #定义方法
    def eat(self):
        return "吃自己"
```

```python
    def preview(self):
        return "名字："+self.name+"；颜色："+str(self.color)

    def showClass(self):
        print(self,"的类名",self.__class__.__name__)

#子类 Xcake
class Xcake(Cake):
    #定义类变量
    name="古怪蛋糕"
    color=['红','黄','蓝','绿','黑']
    shape="三角形"
    creamContent=0

    #定义方法
    def drink(self):
        return "喝自己"

#子类 XcakePlus
class XcakePlus(Xcake):
    #定义类变量
    name="古怪蛋糕加强版"
    price=15

    #定义构造方法
    def __init__(self,size,qty):
        self.size=size
        self.qty=qty

    #定义方法
    def sumPrice(self):                              #计算总价
        print("一共：",self.qty*self.price,"元")

    def preview(self):                               #重写方法 preview
        print("您要的蛋糕是：",self.name,"，尺寸：",self.size,"号",self.qty,"个。")
```

在文件中定义了 3 个类：Cake、Xcake 和 XcakePlus。XcakePlus 类继承 Xcake 类，Xcake 类继承 Cake 类。实现继承关系的方法很简单，就是把父类放到类名后面，用小括号括起来。例如：

```python
#子类 Xcake
class Xcake(Cake):        #这样就表示 Xcake 类继承 Cake 类。
```

20.2　这是遗传：继承的特性

子类继承了父类后，就会具有父类的所有特征（属性和方法），同时还具有自己增加的新特征。例如，上面定义的 Xcake 类相比父类 Cake，新增了 shape、creamContent 属性。

怎么来验证子类继承了父类的特征呢？那就看子类的对象能不能调用父类的属性或方法。新建一个文件 20.1TestDerive.py，代码如下：

```
#验证类的继承
from Derive import *
cake1=Cake()                    #Cake 类的对象
cake2=Xcake()                   #Xcake 类的对象
cake3=XcakePlus(12,2)           #XcakePlus 类的对象

#展示 Cake 的特征
cake1.showClass()               #显示类名
print("名称：",cake1.name)
print("Cake 中定义的 eat 方法：",cake1.eat())
print("Cake 中定义的 preview 方法：",cake1.preview())
print()

#展示 Xcake 的特征
cake2.showClass()               #显示类名
print("名称：",cake2.name)
print("新的属性 shape：",cake2.shape)
print("新的方法 drink：",cake2.drink())
print("继承自父类 Cake 的方法 preview",cake2.preview())
print()

#展示 XcakePlus 的特征
cake3.showClass()               #显示类名
print("名称：",cake3.name)
print("新的属性 price=",cake3.price)
print("执行继承自父类的 eat 方法：",cake3.eat())
print("执行新的方法 sumPrice：")
cake3.sumPrice()
print("执行重写的方法 preview：")
cake3.preview()
print("执行继承自父类 Cake 的 preview 方法：")
print(Cake.preview(cake3))      #使用类名调用类方法
```

首先，通过 from Derive import * 引入 Derive 文件中的所有类。然后根据不同的类创建 3

个对象。接下来分别展示各对象属性和方法的引用。

由于 cake1 是 Cake 类的对象，所以使用 cake1.name 可以调用 Cake 类的 name 属性，使用 cake1.eat()和 cake1.preview()可以调用 Cake 类中定义的 eat()和 preview()方法。

由于 cake2 是 Xcake 类的对象，所以它毫无疑问可以调用 Xcake 类的属性和方法。同时，由于 Xcake 类继承自 Cake 类，所以它还可以通过 cake2.preview()调用父类 Cake 中的 preview()方法，即使 Xcake 类中并没有定义 preview()方法。

cake3 也是一样。

运行程序试试看吧！结果如图 20.1 所示。

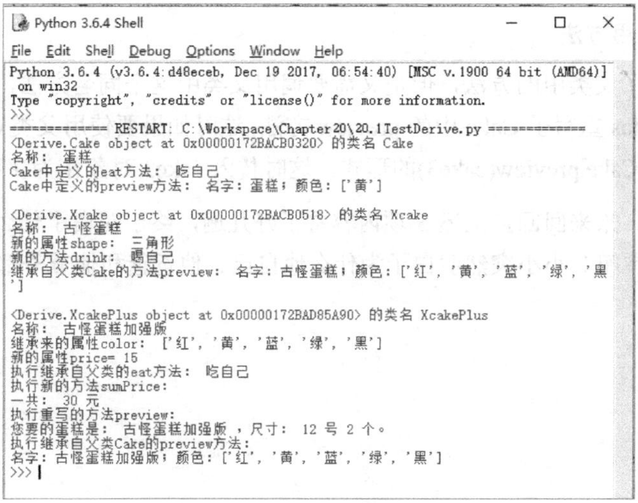

图 20.1　类的继承

对照结果和代码，需要注意观察这几项内容。

1. 继承来的属性和方法

有的属性和方法在类中并没有定义，而是从父类那里继承来的。在实例化后，可以将它们直接当成对象自己的属性或方法来使用。例如，cake2 是 Xcake 的对象，Xcake 类中没有定义 preview()方法。这时如果调用 cake2.preview()，调用的就是从父类 Cake 中继承来的方法。另外，cake3 的 color 属性也是继承来的，类 XcakePlus 中并没有定义 color 变量。

2. 新增的属性和方法

子类可以具有父类没有的属性和方法。例如，Xcake 中定义的 shape 属性、drink()方法以及 XcakePlus 中定义的 price 属性、sumPrice()方法都是它们父类所没有的。这种情况下，只有自己的对象可以使用这些属性和方法。

3. 改变了取值的属性

子类继承父类的属性后，可以随时改变它的取值。例如，cake3 是 XcakePlus 的对象，它的 name 属性取值为"古怪蛋糕加强版"，而父类 Xcake 中定义的 name 取值为"古怪蛋糕"。

4. 重写了的方法

子类中如果有和父类中同名的方法，则使用子类中的方法覆盖父类中的方法，这称为方法的重写。例如，在 XcakePlus 中重写了父类 Xcake 的 preview()方法，则执行 cake3.preview()时，只会调用 XcakePlus 中的 preview()方法。

5. 通过类名调用方法

如果子类重写了父类中的方法，但是又需要调用父类中这个同名方法，则可以使用类名来调用。例如，XcakePlus 重写了 Cake 中的 preview 方法，这时如果要使用父类 Cake 中的 preview() 方法，则可以采用 Cake.preview(cake3)的形式，这时传入 cake3 对象作为参数。

小小仔仔细细、来来回回把上述 5 项内容看了好几遍，终于明白了什么是类的继承。类继承的道理原来很简单嘛！小小突然明白了为什么他自己、他爸爸和他爷爷都会做蛋糕了！

第 21 章
特工联盟：模块

看完电影《Mission Impossible 8》，小小和他的伙伴们都觉得自己是超级厉害的谍战特工，他们还成立了一个"特工联盟"。

21.1 联盟条约：什么是模块

"特工们"当然是无所不能了。为了防止特工们胡作非为，小小觉得应该有一个"联盟条约"，来定义一下"特工联盟"提供哪些服务。打开 Python IDLE Shell，新建立一个 C:\Workspace\Chapter21\alliance.py 文件，并在其中定义若干函数：

```
#特工联盟条约（模块示例）
def running(distance):
    "心有多远，就能跑多远！"
    if distance<=10000:
        print("OK! 我跑",distance,"米没问题！")
    elif distance>10000:
        print("什么？这个距离我可跑不了！")
    else:
        print("你在开玩笑吗？")

def tell_speed(subject):
    "做完作业不厉害，快速做完才厉害！"
```

```
        hours=int(input("你估计要用几个小时完成作业（1-24）: "))
        if hours>0:
            if hours<=4:
                print("想要",hours,"小时完成",subject,"门作业","你必须",hours/subject*60,"分钟就
完成一门！")
            elif hours<=6:
                print("老师说一门作业超过",hours/subject*60,"分钟完成就太慢了。")
            else:
                print("一门功课要做",hours/subject*60,"分钟这么久？早点洗洗睡吧！")
        else:
            print("输入无效")

def dancing():
    "起舞吧！少年！"
    import random
    dance=["<(￣︶￣)/~~~","*╰(￣▽￣)╭*","٩(≧０≦)۶嗷~"]
    print(random.choice(dance))
```

在文件中定义了几个函数，我们把这个文件称为一个模块，文件名就作为模块名。如果要在其他程序中使用这些函数，需要先使用 import alliance 引入这个模块。在 alliance.py 所处的同一文件夹下新建文件 21.1useModule.py，输入以下代码：

```
#应用模块示例
import alliance
for i in range(3):
    x=int(input("请问您需要什么服务？【1.跑步；2.跳舞；3.计算作业速度】: "))
    if x==1:
        alliance.running(5000)
    elif x==2:
        alliance.dancing()
    else:
        alliance.tell_speed(5)
```

在代码中，首先使用 import 语句引入 alliance 模块，模块名就是文件名。引入模块时需要注意文件的路径问题。

1. 相同文件夹

由于当前文件 21.1useModule.py 与模块文件 alliance.py 处于同一个文件夹下，所以可以直接使用 import alliance 引入模块名。然后使用"模块名.函数名"的方式来使用模块中的函数。例如，alliance.running(5000)、alliance.dancing()等。

2. 模块处于子文件夹下

假设模块处于子文件夹 module 中，则需要使用 import module.alliance 形式来引入模块。

3. 部分引入模块中的函数

可以使用 from…import 语句指定需要引入的函数，例如：

```
from alliance import dancing,running
```

该语句只会引入 dancing()和 running()两个函数。可以使用 from…import *引入模块内的所有内容。对于引入的函数，在使用时不必再在前面写模块名，可以直接使用函数名。例如：

```
>>> from alliance import running
>>> running(15000)          #直接使用函数
什么？这个距离我可跑不了！
```

选择菜单命令 Run→Run Module，运行程序，结果如图 21.1 所示。

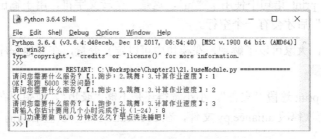

图21.1　模块的使用示例

显而易见，"特工联盟"的"联盟条约"不会永远只有这么 3 项"服务"，也就是说 alliance 模块中的内容将会越来越多，它将会是一个不断增长的模块。如果创建的函数多到根本记不住它的定义在哪里，这时就需要使用不同的模块将函数进行归类存放。一般将功能相关的函数放在同一个模块中，这样，使用和维护时都更方便。

21.2　联盟宣言：模块内的变量和程序

小小认为，一个像样的联盟总得有一段豪迈的"联盟宣言"，这段宣言也可以写进"联盟条约"里。于是他在 alliance.py 文件内增加了一条内容：

```
#模块内的变量
declaration="既然不得不做出选择,那就请面带微笑态度严肃没有所谓的沿袭正道或逐步偏离。\
就让执念一路冲锋陷阵,因为我们的去向,从来都掌握在自己手中。"
```

这就是"联盟宣言"，注意由于字符串太长，有时我们需要换行书写代码。在 Python 中，可以在行末尾使用反斜杠（\）达到换行的目的。

然后在21.1useModule.py文件中import语句的后面增加一条显示"联盟宣言"的语句：

```
#使用模块中的变量
print("我们的宣言是：===",alliance.declaration,"===\n")
```

运行程序，结果如图21.2所示。

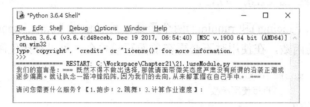

图21.2　显示"联盟宣言"

注意，在这条print语句中使用了"\n"，这是一个转义字符，用于输出一个换行。所以，在输出这条"宣言"后才会有一个空行。

通过这个例子，大家可以了解到，在模块中可以定义变量，在其他程序中也可以像使用函数一样使用这些变量。

可是每次都要print这段"宣言"，小小觉得还是不够"豪迈"，他想要在加载模块时就自动显示出"宣言"。再次修改alliance.py文件，在declaration变量赋值语句的下面添加以下代码：

```
#模块内的程序段
print("==================================================")
print(declaration)
print("==================================================\n")
```

然后再次修改21.1.useModule.py文件，注释掉刚才的print语句：

```
#使用模块中的变量
#print("我们的宣言是：===",alliance.declaration,"===\n")
```

程序运行结果如图21.3所示。

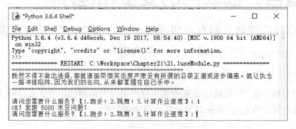

图21.3　在引入模块时执行代码

模块内的代码只会在 import 第一次执行时执行一次。如果使用 Run→Run Module 菜单命令直接运行 alliance.py 程序，也会输出这段"宣言"。

21.3 模块的其他特征

现在，只要有人引入 alliance 这个"联盟条约"模块，就会"唰"地出现一段"联盟宣言"，小小觉得这样够帅！

模块中除了有自己定义的变量和函数以外，一般还有一些模块共有的属性，比如，"__name__"、"__file__"等。可以使用 dir()命令看看模块的内部都有些什么：

```
>>> dir(alliance)
['__builtins__', '__cached__', '__doc__', '__file__', '__loader__', '__name__',
 '__package__', '__spec__', 'dancing', 'declaration', 'running', 'tell_speed']
```

可以发现，除了之前定义的 declaration、running、dancing、tell_speed 以外，还有一些以双下画线开头和结尾的属性，它们都是什么呢？不妨来看看：

```
>>> alliance.__name__
'alliance'
>>> alliance.__file__
'C:\\Workspace\\Chapter21\\alliance.py'
>>> alliance.__spec__
ModuleSpec(name='alliance', loader=<_frozen_importlib_external.SourceFileLoader object
at 0x000002AF144D5D68>, origin='C:\\Workspace\\Chapter21\\alliance.py')
```

你可以使用同样的方法查看更多的属性，这里不再一一展示了，自己试试看吧。这些属性有时还挺有用的。比如，如果希望在引入模块时，只执行其中的部分代码，而不执行另一部分，就可以配合使用__name__属性来添加一个控制结构。将 alliance.py 文件中模块内的程序段部分改写如下：

```
#模块内的程序段
if __name__ == '__main__':
    #仅在模块运行时执行的程序段
    import time
    print("模块最后一次执行日期为: ",time.strftime("%Y-%m-%d %H:%M:%S", time.localtime()))
else:
    #模块被引入时自动执行的程序段
    print("================================================")
    print(declaration)
    print("================================================\n")
#模块内的函数
```

运行模块文件,得到如图 21.4 所示的结果。

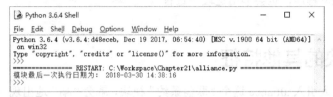

图21.4　运行模块时执行的程序段

对照结果和代码,可以发现,模块本身执行时,执行了 if 分支后面的代码。如果执行引入模块的命令,或从其他程序中引入模块,则会执行 else 分支后面的代码。例如:

```
>>> import alliance
========================================================
既然不得不做出选择,那就请面带微笑态度严肃没有所谓的沿袭正道或逐步偏离。就让执念一路冲锋陷阵,因为我们的去向,从来都掌握在自己手中。
```

如果模块中的某个函数会被经常使用,那么,Python 还支持为模块中的变量或函数起一个本地别名。再次打开并运行 21.1useModule.py 程序,然后执行以下命令:

```
>>> dance=alliance.dancing
>>> dance()
```

运行程序后,模块被引入。然后给 alliance.dancing 起一个简单的名字,以后就可以直接使用 dance()来代替 alliance.dancing()了。

第 22 章
妈妈生日快乐：日期和时间

母亲节是每年 5 月的第二个星期日，今年小小蛋糕店推出"妈妈生日快乐"活动，凡是母亲节当天生日的妈妈均可以免费领取"忘忧草生日蛋糕"一份！

22.1　5月的日历

为了公布这个好消息，小小先用 Python 建立了一个公告牌程序，用来显示今年 5 月份的日历，将其保存到 C:\Workspace\Chapter22\may.py，代码如下：

```
#5月的日历
import calendar
print(calendar.month(2018,5))
```

对！只有两行 Python 代码，就可以输出 2018 年 5 月份的日历。第一行引入模块 calendar，第二行输出 calendar.month(2018,5)函数的返回值。这个函数有两个参数，即哪一年和哪个月。程序返回了一个排得整整齐齐的月份日历，如图 22.1 所示。

```
================ RESTART: C:/Workspace/Chapter22/may.py ================
      May 2018
Mo Tu We Th Fr Sa Su
    1  2  3  4  5  6
 7  8  9 10 11 12 13
14 15 16 17 18 19 20
21 22 23 24 25 26 27
28 29 30 31
```

图22.1　输出2018年5月的日历

天知道这个函数都经历了什么！这正是 Python 的厉害之处，它提供了众多功能强大的模块，这些模块中包含了许多便利的函数。模块 calendar 中包含关于日历的各种函数。如果你喜欢，也可以使用两行代码轻易输出一年的日历，如：

```
>>> import calendar
>>> print(calendar.calendar(2018))
```

输出结果如图 22.2 所示。

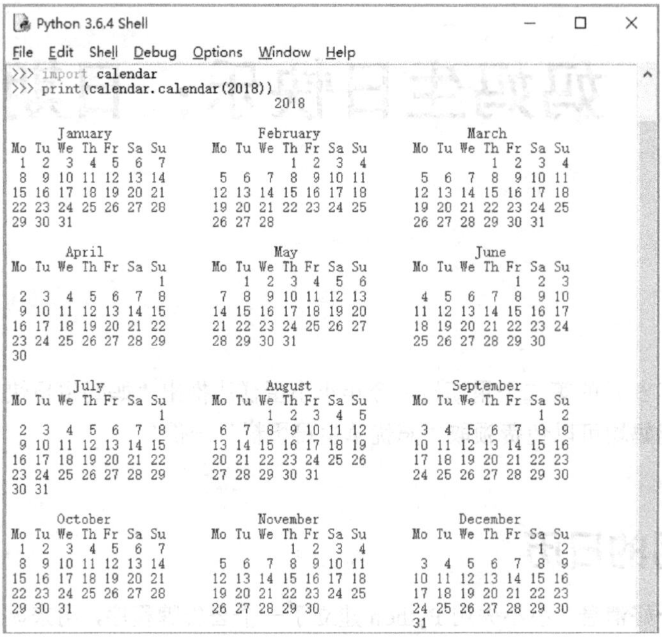

图22.2　输出2018年全年日历

模块 calendar 中还包括很多其他函数。

1. 每周起始日是星期几

calendar.firstweekday()指定把星期几作为每周的第一天，可称其为周码。默认情况下返回 0，表示星期一为每周第一天。

```
>>> calendar.firstweekday()
0
```

2. 判断是否闰年

```
>>> calendar.isleap(2018)
False
```

3. 求两年之间闰年总数

```
>>> calendar.leapdays(2000,2020)
5
```

2000—2020 年间共有 5 个闰年。

4. 月历列表

返回值为一个嵌套列表，每个子列表表示该月的一周。日期顺序号从 1 开始，表示该月第几天，非本月的日期全部用 0 填充。

```
>>> calendar.monthcalendar(2018,5)
[[0, 1, 2, 3, 4, 5, 6], [7, 8, 9, 10, 11, 12, 13], [14, 15, 16, 17, 18, 19, 20], [21, 22, 23, 24, 25, 26, 27], [28, 29, 30, 31, 0, 0, 0]]
```

可以看出，2018 年 5 月 1 日是星期二，5 月 31 日是星期四。

5. 返回该月 1 日的周码和该月天数，存于一个元组中

```
>>> calendar.monthrange(2018,5)
(1, 31)
>>> calendar.monthrange(2018,2)
(3, 28)
```

2018 年 5 月起于周二，共 31 天。2018 年 2 月起于周四，共 28 天。

6. 返回周码

```
>>> calendar.weekday(2018,11,11)
6
```

2018 年的"双十一"是星期日！

7. 更改每周的起始日。

```
>>> calendar.setfirstweekday(6)
>>> calendar.firstweekday()
6
>>> calendar.monthcalendar(2018,5)
[[0, 0, 1, 2, 3, 4, 5], [6, 7, 8, 9, 10, 11, 12], [13, 14, 15, 16, 17, 18, 19], [20, 21, 22, 23, 24, 25, 26], [27, 28, 29, 30, 31, 0, 0]]
```

将每周起始日改为周日后，月历表发生了变化。子列表第一项若从周日开始计算，则 2018 年 5 月 1 日星期二处于子列表中第 3 个位置。

22.2 母亲节是哪一天

展示了 5 月份的日历以后，要隆重指出哪一天是母亲节。母亲节是每年 5 月的第二个星期日。新建一个 Python 文件，名为 happyMothersDay.py，代码如下：

```python
#母亲节是哪一天
import calendar
print(calendar.month(2018,5))
mayCal=calendar.monthcalendar(2018,5)
#print(calendar.monthcalendar(2018,5))

mothersDay=mayCal[1][6]
print("2018年的母亲节是5月",mothersDay,"日\n")

#免费送蛋糕
presented=[]
while 1:
    #输入生日
    name=input("请输入顾客的姓名(输入q退出)：")
    if name=='q':
        break
    if name not in presented:
        print("未领取。请赠送'忘忧草蛋糕'一份！")
        presented.append(name)
    else:
        print("已领取！")
print(presented)
```

我们知道，可以使用 calendar 的 monthcalendar()函数返回一个嵌套列表。内层的每个子列表表示一个星期。于是，[1][6]列表元素即为该月的第二个周日。程序运行结果如图 22.3 所示。母亲节当天，小小请营业员核对顾客的生日后，将其输入计算机中，依此来判断是否领取过免费蛋糕。

图22.3 2018年母亲节的促销

22.3 顾客驾到：记录当前时间

为统计方便，小小觉得需要把顾客到访的时间记录下来。Python 提供了一个专门处理时间的 time 模块，小小仔细研究了一番。修改 happyMothersDay.py 程序，添加一个显示当前时间的函数。修改后代码如下：

```
#母亲节是哪一天
import calendar,time
print(calendar.month(2018,5))
mayCal=calendar.monthcalendar(2018,5)
#print(calendar.monthcalendar(2018,5))

mothersDay=mayCal[1][6]
print("2018年的母亲节是5月",mothersDay,"日\n")

#免费送蛋糕
presented=[]
visitRecord={}
while 1:
    #输入生日
    name=input("请输入顾客的姓名(输入q退出)：")
    if name=='q':
        break
    if name not in presented:
        print("未领取。请赠送'忘忧草蛋糕'一份！")
        presented.append(name)
        visitRecord[name]=[time.asctime(time.localtime())]
    else:
        print("已领取！")
    print(presented)
print("今日到访顾客及时间：",visitRecord)
```

首先需要使用 import 引入 time 模块。为了记录到访时间，创建一个字典 visitRecord。然后在每次添加顾客到已赠送列表时，在 visitRecord 中添加到访时间。这里最重要的是到访时间的获取。程序使用 time.asctime(time.localtime()) 来获取到访时间。

首先，time.localtime() 返回当前的本地时间，以元组形式表示。然后 time.asctime() 将这个时间元组转换成一个用户可识别的字符串形式。程序执行的结果如图 22.4 所示。

图22.4　记录顾客到访时间

当然，你应该在 5 月 13 日当天运行该程序。

如果你不喜欢"Tue Apr 17 14:58:41 2018"这样的显式形式，还可以使用 Python 提供的其他日期格式化符号设成其他形式。例如，要格式化成"2018-04-17 14:58:41"的形式，则可以使用以下代码：

```
>>> print (time.strftime("%Y-%m-%d %H:%M:%S", time.localtime()))
2018-04-17 15:21:08
```

百分号加字母的组合都是日期格式化符号，如

%Y：四位年份表示（0000～9999）

%m：月份（01～12）

%d：月内中的一天（00～31）

%H：24 小时制小时数（00～23）

%M：分钟数（00～59）

%S：秒数（00～59）

Python 中有很多日期格式化符号，这里就不一一列举了，你可自行查阅资料。

22.4　时间元组和时间戳

模块 time 中有个 time()函数，其返回精确到秒的当前时间，但是时间的表达形式却是用户

不易识别的形式——时间戳。在 Python IDLE Shell 中运行如下代码：

```
>>> import time    # 引入 time 模块
>>> print(time.time())
1523950150.4195743
```

这一长串数字就是时间戳，它表达的是自 1970 年 1 月 1 日午夜 0 点开始，到当前时刻共经过了多少秒！听起来很傻，但是 Python 就是这样计算时间的，而且计算机处理起来感觉很爽！

时间戳虽然看起来很傻，但是很有用处，比如计算一段流逝的时间，用时间戳就相当简单：

```
>>> import time    # 引入 time 模块
>>> t0=time.time()
>>> time.sleep(15)
>>> print("经过时间：",time.time()-t0)
经过时间： 70.22801685333252
```

第一次调用 time.time() 记录下开始时间，然后运行一段程序，再次调用 time.time() 记录下结束时间，两者的差值就是经过的时间。顺便说一下，time.sleep() 表示程序休眠一段时间，其参数为休眠的秒数。从上面的返回结果看，键入程序花费了不少时间。

人很难一眼就看懂时间戳，但是计算机可以将它转换成人可识别的形式，这种形式就是时间元组。运行如下代码：

```
>>> time.localtime(time.time())
time.struct_time(tm_year=2018, tm_mon=4, tm_mday=17, tm_hour=15, tm_min=40, tm_sec=40, tm_wday=1, tm_yday=107, tm_isdst=0)
>>> time.localtime(1523950150.4195743)
time.struct_time(tm_year=2018, tm_mon=4, tm_mday=17, tm_hour=15, tm_min=29, tm_sec=10, tm_wday=1, tm_yday=107, tm_isdst=0)
```

将时间戳传递给 time.localtime() 函数，其返回一个 struct_time 元组。其中的元素依次表示的是：年、月、日、时、分、秒、星期、一年中的第几天、是否夏令时（1：夏令时，0：非夏令时，-1：未知，默认：-1）。

虽然时间元组不那么尽善尽美，但是总比时间戳易于理解些。

更多时间函数的信息，请查阅 Python 的 time 模块资料。

第 23 章
警报，警报：异常处理

小小考试得了 99.9 分，扣掉了 0.1 分，错在把一个"："写成了"；"。检查了几遍试卷都没检查出来，小小郁闷极了。他想，要是有一种自动检查错误的警报器就好了。一旦发现有错误，警报器就马上报警！最好还告诉你错误在哪里！

23.1 小小的错误：语法错误

小小回家在 Python IDLE Shell 中输入他的错误，想看看 Python 会不会报警。

```
>>> if x==0;
SyntaxError: invalid syntax
```

果然，Python 马上就报警了。Shell 显示："语法错误：无效的语法"。

Python 程序会出现三种类型的错误。第一种称为语法错误（Syntax Error），或者称为解析错误。当编写的程序不符合 Python 语言的要求时，语法分析器立即就会发现错误，并给出提示。比如 C:\Workspace\Chapter23\syntaxErr.py 中举例的几种错误：

```
#语法错误举例
#输入错误
def null():                   #冒号输入不正确
    return 1
```

```
#缺少必要符号
while True                #缺少冒号
    print('Hello world')
    break

#除0错误
a=1%0
```

当程序运行时,会显示相应的错误信息,并让错误之处高亮显示,如图23.1所示(一旦发现语法错误,程序就会终止。为了演示错误报警,可以先将不希望运行的代码注释掉)。

图23.1　语法错误示例

语法错误通常是因为语句输入疏漏造成的,这种错误会很快被语法分析器拦截,属于最容易发现的一种错误类型。

23.2　非正常行为:异常

小小想,既然语法分析器这么厉害,程序中的错误应该就不难发现了!其实不然。因为即使语法是正确的,在运行Python程序时,还是有可能发生错误。程序运行时出现的错误,称为异常(Exception),这是第二种错误类型。新建Python源代码文件,保存到C:\Workspace\

Chapter23\exceptionExample.py，代码如下：

```
#异常的示例
x=input("输入 0-5 会有异常：")
if x not in ['0','1','2','3','4','5']:
    print("本次没有发生异常。程序结束。")
    import sys
    sys.exit(0)
else:
    triger=int(x)
    if triger==0:
        e=1/0
    if triger==1:
        a=[1,2,3,4,5,6]
        print(a[6])
    if triger==2:
        a='2'+3
    if triger==3:
        import notExistModule
    if triger==4:
        print("b=",b)
    if triger==5:
        dict={1:"张三",2:"李四",3:"王武"}
        print(dict[4])
```

这里举了 6 个例子，每个 if 分支都会引起一种异常。但是程序是可以运行的，如果输入 0～5 以外的整数，则不会执行 if 分支中的语句，但程序也可以正常结束。所以这些异常都属于运行时（run-time）错误，它和语法错误最大的区别就在这里。

程序运行的结果如图 23.2 所示。

一旦发生异常，Python 解释器就会终止程序，并且输出红色的警告信息。以最后一个异常为例。警告信息指出在文件 exceptionExample.py 的第 22 行有异常，异常类型为：KeyError:4。对照这一警告信息，回到源代码中查看第 22 行。选择菜单命令 Edit→Go to Line，在弹出的对话框中输入行号 22，定位到异常警告提示的代码行，如图 23.3 所示。

检查该行，发现 4 并不是字典 dict 的键，难怪异常类型为 KeyError。据此修改代码即可。此例中其他的异常种类还有：

除零错误（ZeroDivisionError）、索引错误（IndexError）、类型错误（TypeError）、模块未找到错误（ModuleNotFoundError）及名字错误（NameError）。

图23.2 异常示例

图23.3 定位到行

异常的种类很多,在此就不一一列举了。随着编程经验的增加,大家在编程中肯定会碰到各种各样的异常,到那时只要自己不发生什么"异常"就好啦!

23.3 异常捕手:异常处理

程序对大多数的异常都采取终止自己并给出错误信息的处理方式。小小很喜欢这种"简单粗暴"的方式,但这种处理方式对于程序的使用者并不友好,因为并不是每个人都看得懂那些错误信息的。但是异常又往往不是那么容易发现的——谁会故意写个异常到代码中呢?

Python 提供了一个很贴心的语句:try…except,来尝试运行一段你觉得可能会产生某种异常的代码,并且当异常真的发生时,你可以按自己喜欢的方式来处理。新建 C:\Workspace\Chapter23\try_except1.py 文件,代码如下:

```
#异常处理
x=input("输入 0-3 会有异常: ")
if x not in ['0','1','2','3','4','5']:
```

```
    print("本次没有发生异常。程序结束。")
    import sys
    sys.exit(0)
else:
    try:
        triger=int(x)
        if triger==0:
            e=1/0
        if triger==1:
            a=[1,2,3,4,5,6]
            print(a[6])
        if triger==2:
            a='2'+3
        if triger==3:
            import notExistModule
    except:
        print("我的第六感告诉我：发生异常了！")
print("程序运行结束。")
```

在代码中添加了一个try…except语句，try部分包含所有被认为可能有错误的代码，而except部分包含出错以后的处理，这即为异常处理。程序运行结果如图23.4所示。

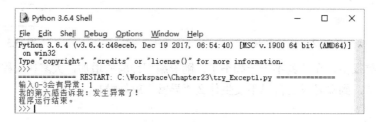

图23.4　异常处理

这次程序没有发出红色的警告信息，取而代之的是新定义的语句：

```
print("我的第六感告诉我：发生异常了！")
```

这样看起来好多了，这全靠"异常捕手"try和except！

23.4　个性化的异常处理

如果能对不同的异常做出不同的处理，那就更有个性了——except子语句可以做到。只需要将异常的类型写在"except"的后面就可以了，一个try子句可以对应多个except子句。新建try_except2.py文件，输入以下代码：

```
#个性化异常处理
x=input("输入0-4会有异常：")
if x not in ['0','1','2','3','4','5']:
    print("本次没有发生异常。程序结束。")
    import sys
    sys.exit(0)
else:
    try:
        triger=int(x)
        if triger==0:
            e=1/0
        if triger==1:
            a=[1,2,3,4,5,6]
            print(a[6])
        if triger==2:
            a='2'+3
        if triger==3:
            import notExistModule
        if triger==4:
            b
            print("b=",b)
        if triger==5:
            print("欢迎来到没有异常的分支！")
    except IndexError:
        print("我的第六感告诉我：你的下标越界了！")
    except ZeroDivisionError:
        print("你想干吗？除零可不行！")
    except (ModuleNotFoundError,NameError):
        print("我的第六感告诉我：模块不存在或者名字错了！")
    except:
        print("直觉告诉我，此处有其他异常！")
```

这段代码先处理了 IndexError 和 ZeroDivisionError 两种异常，然后将 ModuleNotFoundError 和 NameError 这两种异常放在圆括号中并用逗号隔开，对它们进行了合并处理。而对于其余的异常，则全部由最后的 except 子句来进行统一处理。

执行的结果如图 23.5 所示。

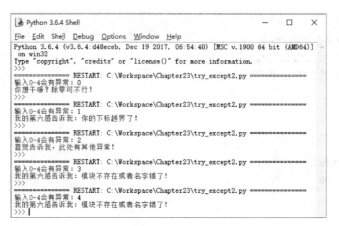

图23.5 异常的个性化处理

try 子句还可以有一个 else 子句,放在所有 except 的后面,当没有捕捉到任何异常时,执行 else 部分的语句。在 try_except2.py 文件的末尾添加以下代码:

```
else:
    print("很顺利,什么异常也没有发生。")
```

再次执行程序,来验证一下 else 子句的执行,结果如图 23.6 所示。

图23.6 try…else子句执行示例

如果需要,还可以将出错信息显示给用户。例如,修改 try_except2.py 文件中其中一个 except 子句的代码:

```
except ZeroDivisionError as e:
    import sys
    print("你想干吗?除零可不行!详情:",e,"->",sys.exc_info())
```

使用 as 关键字创建一个变量 e,通过它获取错误信息并将其显示出来,执行结果如图 23.7 所示。

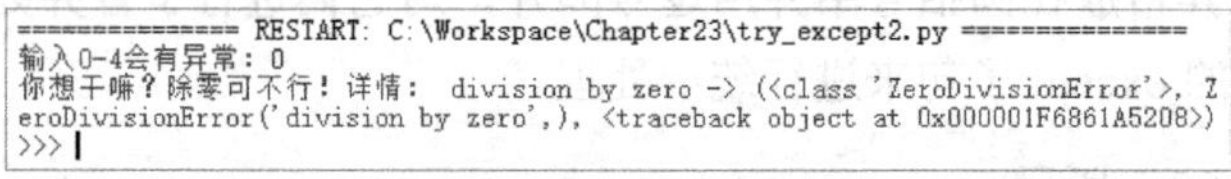

图23.7 显示错误详情

try 子句还可以有一个 finally 子句,放在 else 的后面,用于执行一些"清理工作"。无论 try 子句有没有捕获异常,finally 子句中的代码都会执行。与 else 子句不同,finally 子句会在执行完以后,将未被 except 拦截的异常再次抛出。新建一个 Python 文件,保存到 try_finally.py,代码如下:

```
#finally 子句示例
try:
    x=input("输入 0-3 尝试捕获异常:")
    if x not in ['0','1','2','3']:
        print("本次没有发生异常。程序结束。")
        import sys
        sys.exit(0)
    else:
        triger=int(x)
        if triger==0:
            2/0
        if triger==1:
            int("a")
        if triger==2:
            '2'/'1'
        print("您输入了:",x)
except ZeroDivisionError as e:
    print("除零异常:",e)
else:
    print("没有发生异常。")
finally:
    print("异常处理完毕,未知异常将再次被抛出。")
```

程序执行结果如图 23.8 所示。

图23.8　finally子句示例

注意观察 else 子句和 finally 子句的区别。else 在没有异常时执行,而 finally 总是会执行,而且会再次抛出未被处理的异常。

23.5 小小的恶作剧：抛出异常

程序中的异常各种各样，但所有异常都是 Exception 类的子类。在 Python 中可以使用 raise 语句主动产生一个指定的异常，这称为"抛出"异常。例如：

```
>>> raise TypeError('此处抛出了一个类型错误！')
```

这行语句将会抛出一个错误，错误的类型前面说过：类型错误（TypeError）。TypeError 后面的括号中还给出了一些错误信息——"此处抛出了一个类型错误！"。该程序的运行结果如图 23.9 所示。

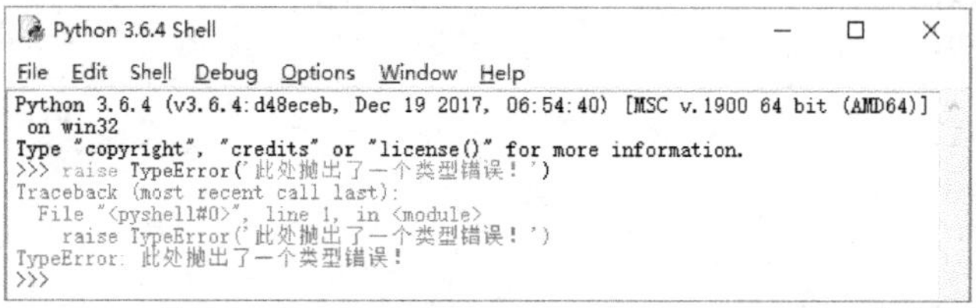

图23.9 抛出一个类型错误

可以看到，执行 raise 语句后，立即出现了错误警告。TypeError 指出错误类型，其后面是错误信息。这里总结一下，raise 语句的格式为：

```
raise 异常名(异常信息)
```

raise 后面的唯一参数就是要抛出的异常名称，该参数后的圆括号中可以放入自行设计的错误提示。

raise 后面也可以不加任何名称，这将会抛出一个 RuntimeError。例如：

```
>>> raise
Traceback (most recent call last):
  File "<pyshell#1>", line 1, in <module>
    raise
RuntimeError: No active exception to reraise
```

小小发现，Python 还允许用户自己定义异常。顽皮的小小想利用这个特点搞点恶作剧。他新建了一个 myExcepion.py 文件，在其中定义了一个新的异常。当程序执行到可能抛出该异常的代码时，可以使用 try 来捕获它，并用 except 来处理。代码如下：

```
#自定义异常
class xError(Exception):
    def __init__(self,value):
        self.value=value
    def __str__(self):
```

```
        return repr(self.value)

#定义一个会抛出 xError 的方法
def call(xName):
    if xName=='牛牛':
        raise xError('严重错误!不许给牛牛打电话!：P')
    else:
        print('确定要给',repr(name),"打电话吗？")

#调用 call 方法
try:
    name=input("请问您要给谁打电话？")
    call(name)
except xError as e:
    print(e.value)
    raise
```

小小在 call()函数中设计了一个"陷阱"，当输入参数为"牛牛"时，会抛出自定义异常 xError。并且在异常处理语句中，先输出异常的 value 值，然后再用 raise 把 xError 抛出。程序执行结果如图 23.10 所示。

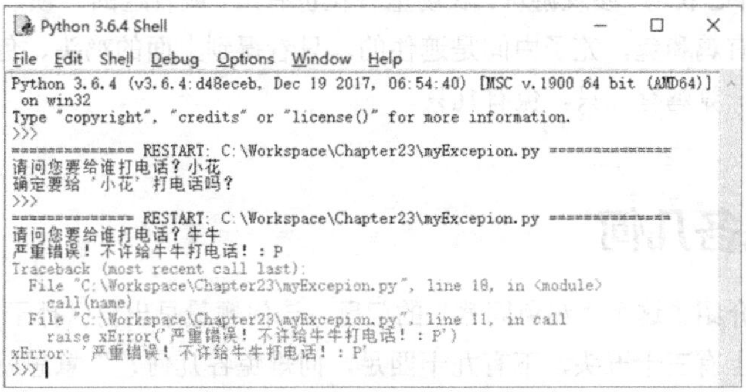

图 23.10　程序抛出自定义异常

从程序执行结果可以看出，当输入"小花"时，没有抛出异常。而一旦输入"牛牛"，就会抛出异常！牛牛知道了一定很心塞。

第 24 章

鸡兔同笼：循环的应用

小小他们去"开心农场"参观游玩。农场里有花也有瓜，最有趣的一项活动是"鸡兔同笼"。一排笼子中都混装有鸡和兔，笼子中间是遮住的，只看得到上面的鸡头、兔头和下面的鸡脚、兔脚。要求大家算一算鸡有几只，兔有几只。

24.1 雉兔各几何

农场主给大家介绍了这个"鸡兔同笼"的问题，该问题最早出自《孙子算经》中的一段话："今有雉兔同笼，上有三十五头，下有九十四足，问雉兔各几何？"意思就是鸡兔同笼，一共35个头，94只脚，问鸡和兔各几只。小小掐指一算，发现不是那么容易算出来，于是决定使用Python 来算。打开 Python IDE Shell，选择菜单命令 File→New File，新建一个文件，保存到C:\Workspace\Chapter24\24.1jitu.py。代码如下：

```
#鸡兔同笼
ji=0
while 1:
    tu=35-ji
    if 2*ji+4*tu==94:
        print("鸡有: ",ji,"只")
        print("兔有",tu,"只")
```

```
        break
    ji+=1
```

这个程序使用了 while 循环,来计算鸡和兔的数量。先分析鸡和兔的数量关系,它们都是一个头的动物,所以鸡和兔的总数就是头数 35。程序用变量 ji 表示鸡的数量,用 tu 表示兔的数量。一开始假设有 0 只鸡,即 ji=0,那么兔就是 35-ji 只。然后检查 ji 和 tu 两者能不能满足脚的总数为 94 这个条件,如果满足条件,就求出了鸡和兔的数量。如果不满足条件呢?就将 ji 的值增加 1 再试一轮,一直这样进行下去。

程序运行的结果如图 24.1 所示。

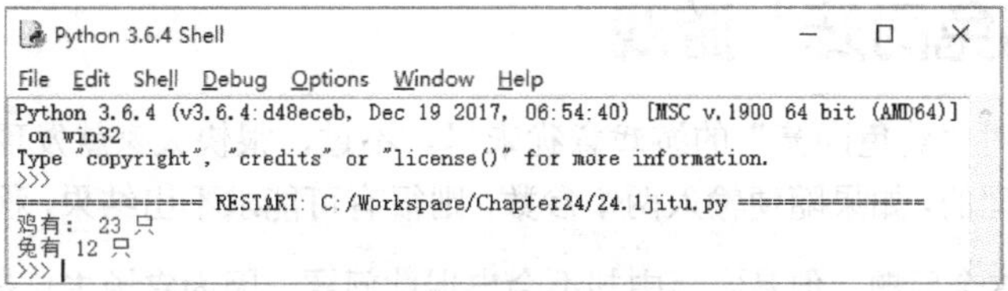

图24.1 "鸡兔同笼"问题的计算

结果没错,我们可以验证一下:23 只鸡和 12 只兔,头的数量是 23+12=35。23 只鸡共 2×23=46 只脚,12 只兔共 4×12=48 只脚,脚的数量一共是 46+48=94。没错!

24.2 更多的笼子

开心农场里还有更多的笼子,都是鸡兔同笼,小小他们需要算一算一共有多少只鸡和兔。于是小小将刚才的程序修改成一个函数,并把头和脚的数量作为参数。这样,通过函数调用,就可以轻易解决所有的鸡兔同笼问题。新建文件 C:\Workspace\Chapter24\jitutonglong.py,代码如下:

```
#鸡兔同笼
def jitutonglong(tou,jiao):
    ji=0
    while 1:
        tu=tou-ji
        if 2*ji+4*tu==jiao:
            print("鸡有: ",ji,"只")
            print("兔有",tu,"只")
            break
        ji+=1

jitutonglong(50,100)
jitutonglong(50,110)
```

运行结果如图 24.2 所示。

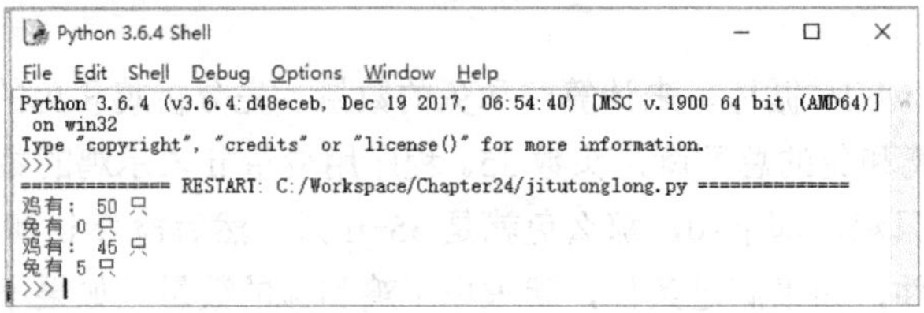

图 24.2 "鸡兔同笼"函数实现

24.3 "鸡兔同笼"游戏

回家后，大家对"鸡兔同笼"的游戏意犹未尽。不过，很快大家就发现不是所有的头数和脚数的组合都是合理的，如果随便输入两个参数，则很有可能求不出结果，程序会陷入死循环。

程序虽然存在这个问题，但是实际中却不会出现此问题，因为农场主总是先将一定数量的鸡和一定数量的兔放进笼子，然后才开始玩"鸡兔同笼"的游戏。所以，如果小伙伴们想在回家以后继续玩这个游戏，则需要创建一个"问题发生器"。新建一个文件 gamegen.py，输入以下代码：

```
# "鸡兔同笼"问题发生器
try:
    ji=int(input("请输入鸡的数量（必须是整数）："))
    tu=int(input("请输入兔的数量（必须是整数）："))
except TypeError:
    print("输入不是整数，请重来。")
print("头的数量：",ji+tu)
print("脚的数量：",4*tu+2*ji)
```

在游戏前，出题的人先偷偷运行 gamegen.py 程序，然后再告诉解题人头和脚的数量，以免问题无解。

运行 gamegen.py 程序，结果如图 24.3 所示。

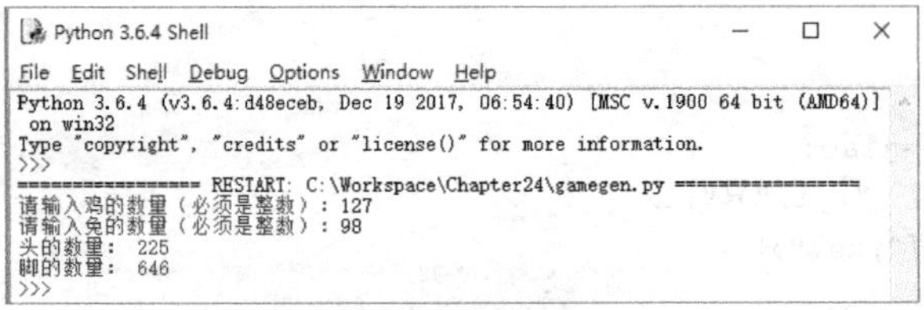

图 24.3 问题发生器

小小使用这个问题发生器给牛牛出了个"鸡兔同笼"的问题："雉兔同笼，上有二百二十五头，下有六百四十六足，问雉兔各几何？"牛牛现在还在数呢！

第 25 章
步数排行榜：冒泡排序

为了激励大家多做运动，校长想请小小给全校的同学们做一个"运动步数排行榜"。小小心想，这个呀！只要把同学们的步数都记下来，拿回去按从大到小的顺序排列一下，不就行了！

25.1 前后交换：冒泡排序的基本操作

二话不说，校长给了小小一个 5000 人的步数记录表，步数都在 0~50000 步之间。小小一看要给这么多人排顺序，估计排一晚上也排不完，急得团团转。校长见了，给小小介绍了一种叫作"冒泡排序"的方法：

假设一个有 n 个元素的列表需要排序，冒泡排序法进行了如下操作。

1. 基本操作：比较当前元素和它后面相邻的元素，如果前面的元素比后面的元素大，则交换这两个玩素。Python 实现变量 a 和 b 交换时，采用 a,b=b,a。
2. 第 1 轮遍历：从第一个元素（下标 0）开始，到倒数第 2 个元素（下标 $n-1-1$），重复第 1 步的操作。本轮共遍历 $n-1-1$ 个元素，最小的元素被交换到了最后面。
3. 第 2 轮遍历：从第 1 个元素开始，到倒数第 3 个元素（下标为 $n-1-2$），重复第 1 步的操作。本轮共遍历 $n-1-2$ 个元素，将本轮最小的元素放到了本轮的最后面。
4. 第 3 轮遍历：从第 1 个元素开始，到倒数第 4 个元素（下标为 $n-1-3$），重复第 1 步的操作。本轮共遍历 $n-1-3$ 个元素，将本轮最小的元素放到了本轮的最后面。

5. 第 i 轮遍历：从第 1 个数开始，到倒数第 $i+1$ 个数（下标为 $n-1-i$），重复第 1 步的操作。遍历 $n-1-i$ 个元素，将本轮最小的元素放到了本轮的最后面。
6. 第 $n-1$ 轮遍历：从第 1 个元素开始，到倒数第 n 个元素（下标为 0），重复第 1 步的操作。显然，此时将第 1 个元素（下标为 0）和第 2 个元素比较一次即可完成最终的排序。

通过总结可以发现，对一个有 n 个元素的列表进行"冒泡排序"，共需经过 $n-1$ 轮遍历，并且每轮遍历的元素个数不同，第 i 轮需要遍历元素个数为 $n-1-i$。

听起来有点复杂，不过小小已经明白了。在 C:\Workspace\Chapter25\ 文件夹下创建一个 bubbleSort.py 文件，定义一个"冒泡排序"函数和一个"列表构造器"，代码如下：

```python
#冒泡排序
showDebug=int(input("打印调试信息吗？【1】是；【0】否："))
def bubbleSort(arr):
    """冒泡排序"""
    for i in range(len(arr)-1):
        for j in range(len(arr)-1-i):
            if(arr[j] < arr[j + 1]):
                arr[j],arr[j+1]=arr[j+1],arr[j]
        if showDebug==1:print("(调试信息)第",i+1,"轮: ",arr)
    return arr

#列表构造器
def arrMaker(a,b,qty):
    """产生 qty 个[a,b]之间的整数"""
    import random
    arr=[]
    for i in range(qty):
        arr.append(random.randint(a,b))
    return arr
```

列表构造器用于产生一个无序的整数列表，然后可以使用 bubbleSort() 函数对产生的列表进行冒泡排序。

创建一个 25.1useBubbleSort.py 文件来试一试冒泡函数的效果，看看是不是如校长说的那样。代码如下：

```python
#调用 bubbleSort 函数
import bubbleSort
arr1=[1,3,5,7,9,8,6,4,2,0]
print(len(arr1),"个元素排序前: ",arr1)
arr=bubbleSort.bubbleSort(arr1)
print("排序后: ",arr)
```

运行结果如图 25.1 所示。

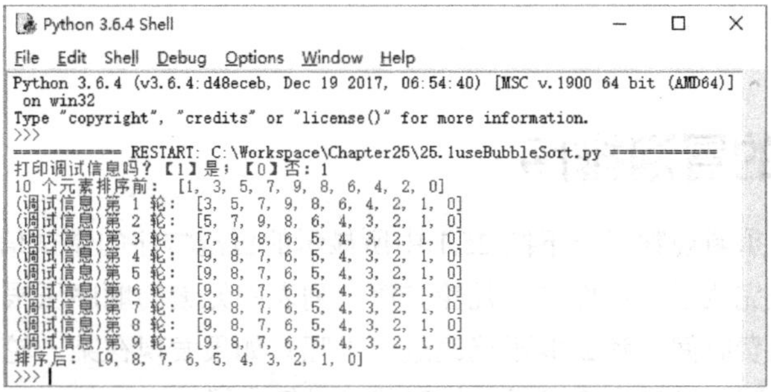

图25.1 冒泡排序示例

从结果可以看出，正如校长所说，列表共有 10 个元素，共进行了 9 轮排序，每轮将最小的一个数放到了本轮的末尾。

现在可以完成校长的任务了。假设所有人的步数都在 0~50000 之间，对于 5000 人的步数，可以调用列表构造器来模拟。不过显示 5000 个列表元素比较麻烦，所以新建一个 25.2paceBubbleSort.py 文件来演示，代码如下：

```
#调用bubbleSort函数
import bubbleSort,time
arr1=bubbleSort.arrMaker(0,50000,5000)
print("排序前(开头和末尾5个元素)：",arr1[0:5],"...",arr1[-5:])
print("--------------------冒泡排序--------------------")
start=time.time()
arr=bubbleSort.bubbleSort(arr1)
print("--------------------排序结束--------------------")
print("排序后(开头和末尾5个元素)：",arr1[0:5],"...",arr1[-5:])
print("本次排序耗时：",time.time()-start,"秒")
```

为便于观察，程序只显示了排序前后列表的前 5 个和后 5 个元素，并且调用了 time 模块中的 time()函数记录了排序花费的时间。程序运行后结果如图 25.2 所示。

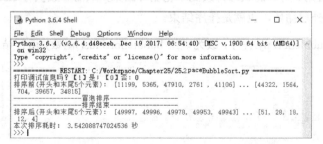

图25.2 5000人步数排行榜示例

现在可以看到排序后前 5 名和末尾 5 名的成绩了。排序总共花费了 3 秒多的时间（视电脑配置不同有所差异）。

25.2 改良的冒泡排序

爱钻研的小小又重新观察了一下图 25.1 中所显示的冒泡排序的调试信息，发现在第 4 轮的时候排序实际上已经完成了，后面的那几轮排序，列表中元素的顺序压根没变化。也就是说，后面几轮排序是在白费时间。那么能不能改进一下呢？如果发现在某一轮排序中，一次元素交换也没有发生，就说明已经排序完成了，排序就可以停止了。

修改 bubbleSort.py 文件，添加一个“改良的冒泡排序”函数，代码如下：

```
#改良的冒泡排序函数
def bubbleSortPlus(arr):
    s=1                                              #设置状态标志 s
    for i in range(len(arr)-1):
        if s==1:                                     #s==1 时执行后续排序操作
            s = 0        #如果一轮循环中 s 没有改变，s=0 状态持续到下一轮
            for j in range(len(arr)-1-i):
                if(arr[j] < arr[j + 1]):
                    arr[j],arr[j+1]=arr[j+1],arr[j]
                    s = 1        #只要还存在一次交换，s 就被重置为 1
            if flag=='Y':
                print("(调试信息)第",i+1,"轮: ",arr)
        else:
            break        #s=0 时结束排序
return arr
```

仔细阅读代码中的注释信息，可以知道，该函数通过引入一个状态标志 s 来控制循环。当 s 为 1 时进行下一轮循环。每轮开始循环前将 s 置为 0，如果该轮循环中至少有一次两数交换，则 s 被重置为 1，否则 s 为 0 的状态持续到本轮循环结束，从而导致执行 else 分支中的 break 语句，直接跳出整个外层循环，也就是排序结束。

修改 25.1useBubbleSort.py 程序，改为调用 bubbleSortPlus()函数，运行结果如图 25.3 所示。

```
============ RESTART: C:\Workspace\Chapter25\25.1useBubbleSort.py ============
打印调试信息吗？【1】是；【0】否: 1
10 个元素排序前:  [1, 3, 5, 7, 9, 8, 6, 4, 2, 0]
(调试信息)第 1 轮:  [3, 5, 7, 9, 8, 6, 4, 2, 1, 0]
(调试信息)第 2 轮:  [5, 7, 9, 8, 6, 4, 3, 2, 1, 0]
(调试信息)第 3 轮:  [7, 9, 8, 6, 5, 4, 3, 2, 1, 0]
(调试信息)第 4 轮:  [9, 8, 7, 6, 5, 4, 3, 2, 1, 0]
(调试信息)第 5 轮:  [9, 8, 7, 6, 5, 4, 3, 2, 1, 0]
排序后:  [9, 8, 7, 6, 5, 4, 3, 2, 1, 0]
>>>
```

图25.3　改良的冒泡排序示例

从结果可以看到，改良后，程序只运行了 5 轮循环就结束了。不过要注意的是，并不是所有待排序的列表都和该例子中的列表一样，所以在实际中，改良的冒泡排序算法并不总是比普通的冒泡排序算法耗时少。感兴趣的同学可以自己尝试用 bubbleSortPlus 函数来解决校长提出的 5000 人步数排序任务，看看时间上是不是更快一些呢？

说了这么多，小小不明白为什么这个方法叫作"冒泡排序"，校长反过来问小小："小数总是排到最后，而大数慢慢地浮上来，是不是像水池里冒出来的泡泡呢？"

第 26 章
销量排行榜：选择排序

小小蛋糕店每天出售很多种蛋糕，小小想要知道哪种蛋糕销量好，哪种蛋糕销量差。他决定每天做个蛋糕销量排行榜。

26.1 销量冠军：求最大项

这天晚上，小小统计了蛋糕的销量，列在表 26.1 中。

表 26.1 蛋糕销量表

品名	销量（个）
香橙磅蛋糕	95
黑糖香蕉蛋糕	140
抹茶马芬蛋糕	36
咖啡杯子蛋糕	158
法式淡奶蛋糕	88
小洋梨慕斯蛋糕	62
巧克力布朗尼	111

制作蛋糕销量排行榜，实际上就是将这些蛋糕的销量按照从多到少的顺序排列。该如何做呢？

首先，把全部销量保存为一个列表，然后从头到尾看一遍列表中的数据，找出其中最大的，然后把它添加到一个新的列表中。

表 26.2 新列表

品名	销量（个）
香橙磅蛋糕	95
黑糖香蕉蛋糕	140
抹茶马芬蛋糕	36
咖啡杯子蛋糕	158
法式淡奶蛋糕	88
小洋梨慕斯	62
巧克力布朗尼	111

排行榜	销量（个）
咖啡杯子蛋糕	158

把列表中所有的数据从头到尾看一遍，称为遍历。第 1 次遍历后，找到了销量最高的蛋糕。然后再次这样遍历，找出销量第 2 的蛋糕，将其添加到排行榜中。然后再遍历第 3 次，第 4 次……直到最后只剩 1 个数据，不用再遍历了。这样就得到了销量的排行榜。这种排序法称为"选择排序"。

小小将"选择排序"分解成两个步骤：

1. 遍历所有元素，找出最大值。
2. 重复第 1 步，将每次找到的值写入新的数组中。

先来完成第 1 个步骤。新建一个 Python 文件，保存到 C:\Workspace\Chapter26\selectSort.py，代码如下：

```python
#找出最大值
def findBiggest(arr):
    biggest = arr[0]                        #先假设最大值是第一个元素
    biggest_index = 0                       #相应的，最大值的索引是 0
    print("调试信息: biggest=",biggest)
    for i in range(1, len(arr)):            #遍历列表
        if arr[i] > biggest:                #如果第 i 个元素比假设的最大值还要大
            biggest = arr[i]                #设置第 i 个元素为最大值
            biggest_index = i               #相应的，最大值的索引就是 i
        #调试用：输出每次遍历的最大值对应的索引
        print("调试信息：第 ",i,"个元素=",arr[i],", 最大值 biggest=",biggest,", 索引为 ",biggest_index)
    return biggest_index
```

首先，假设最大的值就是第 1 个元素 arr[0]，然后从第 2 个元素（索引值为 1）遍历到最后一个元素（索引值为列表的长度-1），一旦发现哪个元素比之前假设的最大值还要大，就立即设

这个元素为最大值。该程序为了演示遍历列表的过程，将每次遍历过程中的最大值和最大值对应的索引号都通过 print()函数打印了出来。

这种找最大值的方法，有个很好的比喻——"打擂台"，第一个上台的作为擂主，新的最大值总是把擂主打下去，自己成为擂主。

"打擂台"可以应用在很多场合，是一个常用的算法，而且很好理解。新建一个 26.1firstCake.py 文件来试一试，代码如下：

```
#销量冠军
import selectSort
arr1=[95,140,36,158,88,62,111]
biggest_index=selectSort.findBiggest(arr1)
print("今天的冠军蛋糕索引值为: ",biggest_index," 一共销售了",arr1[biggest_index],"个")
```

该程序调用了 selectSort 模块中定义的 findBiggest()函数求出最大项的下标，然后输出该项的元素值。运行后结果如图 26.1 所示。

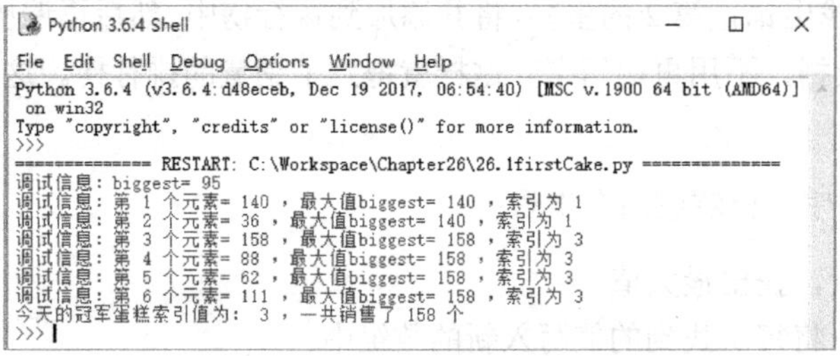

图26.1　用"打擂台"法求最大项

26.2　选择排序

现在可以很容易地找出每天的销量冠军了，但是只知道销量冠军还不行，小小的目标是做一个蛋糕销量排行榜。需要进一步地找出销量亚军、季军、第 4 名、第 5 名……，然后按从大到小的顺序排列在新的列表中，这才是排行榜。我们已经有了求最大项的函数。接下来完成第 2 个步骤——选择排序。修改 selectSort.py 文件，增加一个调试标志，用于控制调试信息的输出；增加一个选择排序函数 selectionSort()，其返回值为一个新的列表，新列表中的元素是按从大到小的顺序排列的。修改后代码如下：

```
#找出最大值
#调试标志
flag=input("是否打印调试信息【Y or N】: ")
def findBiggest(arr):
    biggest = arr[0]                    #先假设最大值是第一个元素
```

```
        biggest_index = 0               #相应的，最大值的索引是 0
    if flag=='Y':
        print("调试信息: biggest=",biggest)
    for i in range(1, len(arr)):        #遍历列表
        if arr[i] > biggest:            #如果第 i 个元素比假设的最大值还要大
            biggest = arr[i]            #设置第 i 个元素为最大值
            biggest_index = i           #相应的，最大值的索引就是 i
        #调试用：输出每次遍历的最大值对应的索引
        if flag=='Y':
            print("调试信息: 第",i,"个元素=",arr[i],", 最大值 biggest=",biggest,", 索引为 ",biggest_index)
    return biggest_index

#选择排序
def selectionSort(arr):
    newArr = []
    for i in range(len(arr)):
        biggest_index = findBiggest(arr)
        newArr.append(arr.pop(biggest_index))    #将从列表中弹出的元素添加到新列表末尾
    return newArr
```

接下来，新建一个 26.2selectionSortEx.py 程序来调用 selectionSort()函数，代码如下：

```
#调用选择排序函数
import selectSort
arr1=[95,140,36,158,88,62,111]
print("排行榜: ",selectSort.selectionSort(arr1))
```

运行程序，看看是不是形成了排行榜。运行结果如图 26.2 所示。

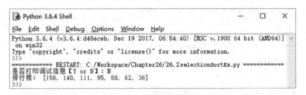

图26.2 选择排序示例

有了每天的蛋糕销量排行榜，小小就知道哪种蛋糕应该多做一些，哪种蛋糕该少做一些。

26.3 选择排序和冒泡排序哪个更快

选择排序和冒泡排序哪个更快呢？不好说，做个试验比一比就知道了。为简单起见，先将 C:\Workspace\Chapter25\目录中的"冒泡排序"程序模块 bubbleSort.py 复制一份到 C:\Workspace\Chapter26\中，然后新建一个 Python 文件并保存到 26.3compareSort.py，输入如下代码：

```
#选择和冒泡两种排序耗时比较
import selectSort,bubbleSort,time
#产生一个大列表
arr1=bubbleSort.arrMaker(0,50000,10000)
arr2=arr1.copy()

#冒泡排序
print("-------------------冒泡排序-------------------")
print("排序前(开头和末尾5个元素): ",arr1[0:5],"...",arr1[-5:])
start=time.time()
arr=bubbleSort.bubbleSort(arr1)
print("-------------------排序结束-------------------")
print("排序后(开头和末尾5个元素): ",arr1[0:5],"...",arr1[-5:])
print("本次排序耗时: ",time.time()-start,"秒")

print()
#选择排序
print("-------------------选择排序-------------------")
print("排序前(开头和末尾5个元素): ",arr2[0:5],"...",arr2[-5:])
start=time.time()
arr=selectSort.selectionSort(arr2)
print("-------------------排序结束-------------------")
print("排序后(开头和末尾5个元素): ",arr2[0:5],"...",arr2[-5:])
print("本次排序耗时: ",time.time()-start,"秒")
```

为公平起见，程序将随机产生的大列表 arr1 复制了一份，保存为 arr2。然后分别用两种排序算法对相同的列表进行排序，并计算排序花费的时间。程序运行结果如图 26.3 所示。

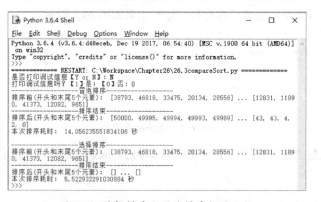

图26.3 选择排序和冒泡排序耗时比较

从结果可以看出，当对包含 10000 个元素的列表进行排序时，选择排序花费的时间比冒泡排序的时间更少。平均而言，选择排序比冒泡排序效率更高。

自从制作了蛋糕销量排行榜以后，小小老想着去找校长聊聊天，说说他的新发现。

第 27 章
程序员的暴力：穷举法

通关游戏中出现了一道谜题，题目是这样的："需要输入一个正整数密码 ABCDE，它乘以 A，得到结果为 EEEEEE。其中不同的字母代表不同的数字。"密码到底是什么呢？小小想了一晚上都没想出来。心急火燎的小小最后想了个暴力的方法——穷举法。

27.1 百钱买百鸡

说到穷举法，小小立刻想到了一个古老的问题："今有鸡翁一，值钱五，鸡母一，值钱三，鸡雏三，值钱一。凡百钱买鸡百只。问鸡翁、母、雏各几何？"史称"百鸡问题"。意思是公鸡卖 5 元钱一只，母鸡卖 3 元钱一只，小鸡 3 只卖 1 元钱，问用 100 元钱买 100 只鸡，可以买公鸡、母鸡和小鸡各几只？这个问题可以用 Python 来解决。新建一个文件，保存到 C:\Workspace\Chapter27\ 27.1baiji.py，并输入以下代码：

```
#百钱百鸡
#设公鸡为x只，母鸡为y只，小鸡为z只
for x in range(1,101):
    for y in range(1,101):
        for z in range(1,101):
            #print("----------------调试信息：公鸡、母鸡、小鸡各",x,y,z,"只")
            if x+y+z==100 and 5*x+3*x+1/3*z==100:
                print("公鸡、母鸡、小鸡各",x,y,z,"只")
```

根据"百鸡问题"的题意,公鸡、母鸡和小鸡都不会超过 100 只。程序算法很简单:遍历(记住这个词)三种鸡的数量组合,尝试每种鸡的数量从 1 到 100 的所有可能的组合,当满足百钱和百鸡这两个条件时则输出各自的数量。程序运行结果如图 27.1 所示。

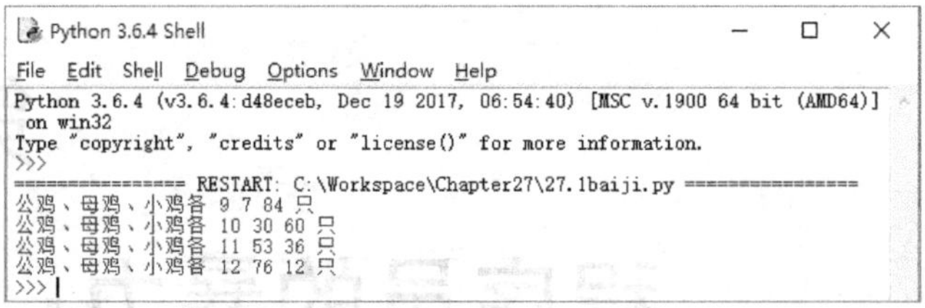

图27.1　百钱百鸡问题示例

如果在 if 语句的前面添加以下调试信息:

```
print("----------------调试信息:公鸡、母鸡、小鸡各",x,y,z,"只")
```

就可以看出程序尝试了公鸡、母鸡和小鸡的所有组合。不过,如果这时直接运行程序,程序会运行很长时间。我们使用 Python IDLE Shell 的调试工具来试一试。选择源代码编辑器的菜单命令 Run→Python Shell,打开 Python IDLE Shell。然后选择菜单命令 Debug→Debugger,打开 Debugger 工具。再回到源代码编辑器中选择菜单命令 Run→Run Module,运行程序。这时程序将在 Debugger 调试器中运行。不断单击 Over 按钮,会发现程序运行到调试语句时,会输出相应的调试信息,显示出"遍历"的结果,如图 27.2 所示。

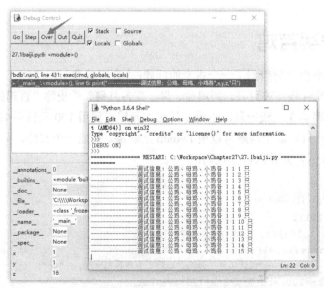

图27.2　调试运行"穷举"程序

当然，还可以简化百钱百鸡问题。比如，公鸡最多只能买100/5=20只，母鸡最多只能买100/3，即33只，而小鸡的数量就是：100-公鸡数-母鸡数。所以前面代码中的三重循环可以把range()的范围缩小，从而提高算法的效率。

27.2 破解通关密码

小小开始琢磨如何暴力破解通关密码。因为由A开头，所以它不为0，取值范围是为1~9，其余的字母B~E的取值为0~9。此外这个密码必须满足两个条件：

- 五个字母代表的数字满足等式：ABCDE*A=EEEEEE。
- 五个字母代表的数字互不相等。

新建一个Python程序，保存到C:\Workspace\Chapter27\ 27.2code.py。先解决两个条件的问题，为此创建两个函数，代码如下：

```python
#五个数互不相等
def condition1(a,b,c,d,e):
    x=[a,b,c,d,e]         #将五个数放进列表
    y=x.copy()            #复制一份
    y.sort()              #排序
    z=list(set(y))        #转换成集合去重
    if y==z:              #去重后会自动排序，再与未去重前比较
        return True       #如果相等，说明原列表中没有重复元素

#满足等式条件
def condition2(a,b,c,d,e):
    if (a*10000+b*1000+c*100+d*10+e)*a==e*111111:
        return True
```

第一个函数用于判断5个数互不相等，有很多办法。这里将五个数放进一个列表，然后转换成集合。如果集合中的元素与列表中的元素一致，则说明列表中没有重复元素，也就是说五个数互不相等。由于Python传参会影响形参，所以先复制一份，而且用set()函数将列表转换成集合后会排序，所以先对列表排序才能比较。

第二个函数解决等式问题。注意使用"=="运算符来做逻辑判断。

接下来，就要暴力破解密码了，在函数定义的后面输入以下代码：

```python
#暴力破解通关密码
for A in range(1,10):
```

```
for B in range(0,10):
    for C in range(0,10):
        for D in range(0,10):
            for E in range(0,10):
                if condition1(A,B,C,D,E) and condition2(A,B,C,D,E):
temp=A*10000+B*1000+C*100+D*10+E
print(temp,"*",A,"=",E*111111)
print("密码就是: ",A,B,C,D,E)
```

程序使用了五重循环，当满足两个条件时输出结果。程序运行后结果如图27.3所示。

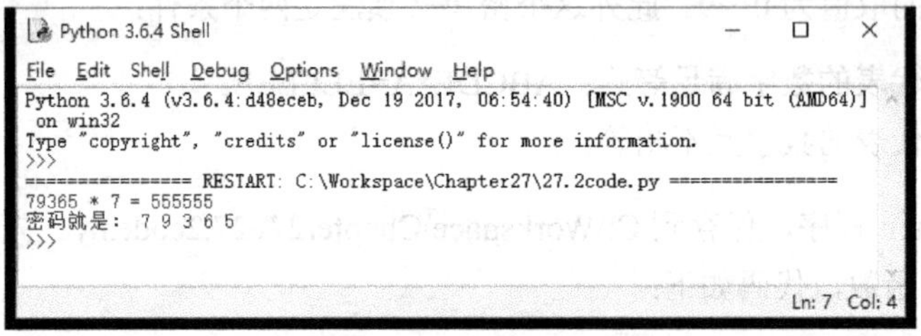

图27.3 多重循环示例

OK，暴力破解成功，通关！

当然，你也可以看看这五重循环是如何一步一步执行的，不过那会很费时间！"穷举法"是计算机常用算法，虽然比较费时间，但算法设计简单，很适合初学者学习。

第 28 章
开心森林：最短路径问题

过节了，小小一家打算去著名的"开心森林"风景区游玩。从小小家到"开心森林"交通挺方便，有好多条路线。为选择路线，家里召开了家庭会议，讨论半天也没有结果。最后大家一致决定由小小拿主意，只要少折腾就行！

28.1 乘车路线图

小小先画出了所有可以去往"开心森林"的路线，如图 28.1 所示。

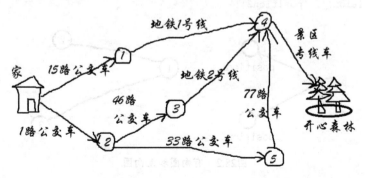

图28.1 到"开心森林"的路线图

大家要求少折腾，那么就考虑换乘最少的路线作为最优路线。小小按以下步骤来考察：

（1）首先，考察不换乘的路线：家—地点 1，家—地点 2，有两条，而且显然还未到达目的地"开心森林"，那么任务还没完成。

（2）考察换乘 1 次的路线：家—地点 1—地点 4；家—地点 2—地点 3；家—地点 2—地点 5。发现有 3 条路线，但是仍然未到达目的地。

（3）继续考察换乘 2 次的路线：家—地点 1—地点 4—开心森林；家—地点 2—地点 3—地点 4；家—地点 2—地点 5—地点 4。发现有一条路线到达了目的地。那么这条路线就是最短路线——从家出发，乘坐 15 路公交车，在地点 1 换乘地铁 1 号线，然后在地点 4 换乘景区专线车，最后到达"开心森林"。

有没有其他路线可以到达"开心森林"呢？有，但都比这条路线换乘次数多。这种问题被称为最短路径问题（shortest-path problem）。

28.2　图的代码实现

利用画图的方法可以解决很多问题。在计算机科学中，图可以用于模拟各种事物之间的连接。图是由一组节点和边组成的图形。节点是对各种东西的一种抽象表示，而边则是对这些东西之间的连接关系的抽象表示。处于一条边两端的节点称为相邻节点。

如何用代码表示图呢？小小想到了字典这种类型，它的元素由键值对组成。例如，要表示图 28.2（左）所示的图，则可以使用如下的 Python 代码：

```
>>> graph={}
>>> graph["home"]=["position1","position2"]
>>> graph
{'home': ['position1', 'position2']}
```

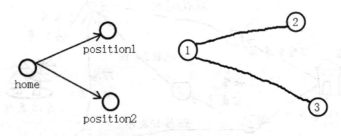

图28.2　有向图和无向图

graph 表示这个图的办法就是将 home 这个节点映射到它的所有邻居节点，注意图中的边是有方向的箭头，表示只能从 home 走向 position1 或 position2，所以可以说 home 的邻居是 position1

和 position2，但是不能说 position1 或 position2 的邻居是 home。这种图称为有向图。相应地，图 28.2（右）所示的图称为无向图，无向图的节点可以互为邻居。

如果要表示从家到"开心森林"那样复杂的图，就要把每个节点和它的邻居都映射起来。新建 Python 文件，保存到 C:\Workspace\Chapter28\tourGraph.py，代码如下：

```python
#图的表示
tourGraph={}
tourGraph['家']=['1','2']
tourGraph['1']=['4']
tourGraph['2']=['3','5']
tourGraph['3']=['4']
tourGraph['4']=['开心森林']
tourGraph['5']=['4']
tourGraph['开心森林']=[]
print(tourGraph)
```

字典 tourGraph 将每个节点和它邻居以键值对的形式保存在一起。这个字典就是一个图的 Python 表示形式。添加键值对的顺序并不重要，因为字典本身是一种无序的数据类型。

28.3 广度优先搜索

现在小小学会了用 Python 的数据结构来表示一个有向图。那么，如何在一个图中找到两个节点之间的最短路径呢？这个问题就成了一个：怎样遍历整个图中的节点，直到找到目标节点的问题。

现实中的问题往往比图 28.1 所示的还要复杂得多，例如图 28.3 所示的情形。

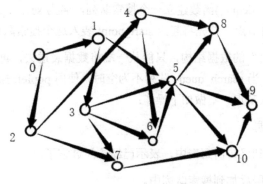

图28.3 复杂的图

从复杂的图看出最短路径并不容易，所以需要借助程序来解决。遍历图的节点要按照一定的规律来进行,在 28.1 节中小小寻找最短路径的方法就是一种常见的方法,称为"广度优先搜索"。

假设起点是 0,搜索从起点开始,如果没有搜索到终点,就搜索起点的所有邻居,即 1 和 2,如果仍然没有搜索到终点,就继续搜索 1 的邻居 3 和 5,或 2 的邻居 4 和 7,以此类推。将终点的邻居设为一个空节点,只要搜索到空节点,并且没有其他邻居了,就表示搜索结束了。

新建一个 Python 文件 BFS.py 来实现广度优先搜索。代码如下:

```
#广度优先搜索
def BFS(start_point,end_point,graph):
    from collections import deque

    search_queue = deque()              #创建空队列,用于存放待搜索的节点
    visited=[]                          #记录访问过的节点
    search_queue+=[start_point]         #向搜索队列中添加起点
    layer=0                             #

    print("开始搜索: ")
    while search_queue:     #只要没有搜索完全部节点,队列就不会空
        print("(当前搜索队列: ",search_queue,")")
        current_node = search_queue.popleft()#取出队前节点
        if not current_node in visited:
            print(current_node,end=" | ")
            if current_node==end_point:
                break
            else:
                visited.append(current_node)
                search_queue+=graph[current_node]
    print("搜索完毕。")
```

首先是准备工作。使用 deque()函数建立一个搜索队列,名为 search_queue。使用一个列表 visited 来记录已经访问过的节点。首先将起点 start_point 装入这个搜索队列。

队列是一种"先进先出"的数据结构,只能从一端将数据装进去,再按数据装入的先后顺序从另一端把数据取出来。当 search_queue 队列不为空时,使用 popleft 操作取出队列左边的一个节点。如果没有访问过该节点,则做如下操作:

(1)输出这个节点信息。

(2)将这个节点添加到已访问列表中,表示已经访问过它了。

(3)将这个节点的邻居添加到搜索队列中。

在 tourGraph.py 中把图 28.3 定义成 Python 类型,然后调用 BSF 算法,代码如下:

```
#图的示例
n_graph={}
n_graph[0]=[1,2]
n_graph[1]=[3,5]
n_graph[2]=[7,4]
n_graph[4]=[6,8]
n_graph[3]=[5,6,7]
n_graph[5]=[8,10,9]
n_graph[6]=[5]
n_graph[7]=[10]
n_graph[8]=[9]
n_graph[9]=[]
n_graph[10]=[9]

from BFS import BFS
BFS(0,9,n_graph)
```

假设 0 为起点，9 为终点，程序运行结果如图 28.4 所示。

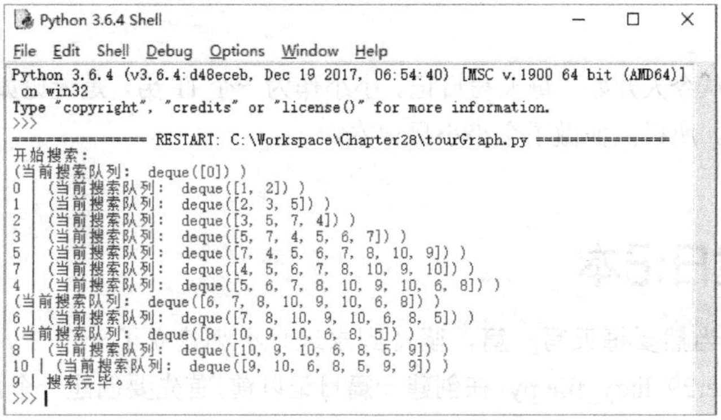
```
Python 3.6.4 (v3.6.4:d48eceb, Dec 19 2017, 06:54:40) [MSC v.1900 64 bit (AMD64)]
 on win32
Type "copyright", "credits" or "license()" for more information.
>>>
================ RESTART: C:\Workspace\Chapter28\tourGraph.py ================
开始搜索:
(当前搜索队列:  deque([0]) )
0 | (当前搜索队列:  deque([1, 2]) )
1 | (当前搜索队列:  deque([2, 3, 5]) )
2 | (当前搜索队列:  deque([3, 5, 7, 4]) )
3 | (当前搜索队列:  deque([5, 7, 4, 5, 6, 7]) )
5 | (当前搜索队列:  deque([7, 4, 5, 6, 7, 8, 10, 9]) )
7 | (当前搜索队列:  deque([4, 5, 6, 7, 8, 10, 9, 10]) )
4 | (当前搜索队列:  deque([5, 6, 7, 8, 10, 9, 10, 6, 8]) )
(当前搜索队列:  deque([6, 7, 8, 10, 9, 10, 6, 8]) )
6 | (当前搜索队列:  deque([7, 8, 10, 9, 10, 6, 8, 5]) )
(当前搜索队列:  deque([8, 10, 9, 10, 6, 8, 5]) )
8 | (当前搜索队列:  deque([10, 9, 10, 6, 8, 5, 9]) )
10 | (当前搜索队列:  deque([9, 10, 6, 8, 5, 9, 9]) )
9 | 搜索完毕。
>>>
```

图28.4　使用广度优先搜索法求最短路径

从结果可以看出，当依次遍历了图中的 0、1、2、3、5、7、4、6、8、10、9 节点以后，就能找到最短路径了。

广度优先搜索是一种搜索策略。如何将最短路径表示出来，还需要进一步将边的信息添加到图的表示中，有兴趣的同学可以试一试。

第 29 章
小小日记本：文件基本操作

老师要求大家从今天开始，每天写日记。小小作为一个 IT 男，是无论如何也不会用 5 毛钱的本子来写日记的。所以，他做了个小小日记本。

29.1 创建日记本

既然是日记，当然要每天写一篇，坚持到永远！小小建立了一个 Python 文件，保存到 C:\Workspace\Chapter29\diary_file.py。在创建一篇日记以前，首先要创建一个日记本，代码如下：

```
#创建文件
file_name="C:\Workspace\Chapter29\diary.book"
fo=open(file_name,'a+')
print("文件名： ", fo.name)
print("是否已关闭 : ",fo.closed)
print("访问模式： ",fo.mode)
print("编码:",fo.encoding)
fo.close()
print("是否已关闭 : ",fo.closed)
```

程序的第一行使用一个字符串来指明文件被保存的路径和文件名及扩展名。如果只使用本程序保存这个文件，可以任意指定扩展名。然后，使用 open()函数及其参数就可以创建一个文件了。open()函数的第一个参数为文件全路径，第二个参数为文件的访问模式。

open 的意思是"打开",所以该函数主要用于打开一个已经存在的文件。仅当第一个参数指定的文件不存在时,才执行新建文件的操作。必须先"打开"文件才能使用。open()函数将会返回一个文本文件对象。

将创建后的文件指向一个名字 fo,然后在屏幕上输出一些文件信息。最后,使用完记得关闭文件,释放其所占用的内存。运行程序,在磁盘目录中创建文件"diary.book",如图 29.1 所示。

图29.1 创建和打开文件

文件的基本访问模式有三种。

r:表示只读。这是默认模式。

w:表示只用于写入。新的写入会覆盖原有内容。

a:表示在文件末尾追加写入。

还有其他的访问模式,具体如表 29.1 所示。

表 29.1 其他文件访问模式

模式	描述
rb	以二进制格式打开一个文件(用于只读)。文件指针将会放在文件的开头
r+	打开一个文件(用于读写)。文件指针将会放在文件的开头
rb+	以二进制格式打开一个文件(用于读写)。文件指针将会放在文件的开头
wb	以二进制格式打开一个文件(只用于写入)。如果该文件已存在则覆盖之;如果该文件不存在,则创建新文件
w+	打开一个文件(用于读写)。如果该文件已存在则覆盖之;如果该文件不存在,则创建新文件
wb+	以二进制格式打开一个文件(用于读写)。如果该文件已存在则覆盖之;如果该文件不存在,则创建新文件

续表

模式	描述
ab	以二进制格式打开一个文件（用于追加）。如果该文件已存在，文件指针将会放在文件的末尾。也就是说，新的内容将会被写到已有内容之后。如果该文件不存在，则创建新文件进行写入
a+	打开一个文件（用于读写）。如果该文件已存在，文件指针将会放在文件的末尾。文件被打开时是追加模式。如果该文件不存在，则创建新文件
ab+	以二进制格式打开一个文件（用于追加）。如果该文件已存在，则文件指针将会放在文件的末尾。如果该文件不存在，则创建新文件（用于读写）

29.2 写日记：写入文件

打开一个日记本以后，就可以开始写日记了，也就是向文件中存入文本。新建 Python 文件，保存到 C:\Workspace\Chapter29\diary_op.py。定义一个"写日记"函数，代码如下：

```
#创建日记
def new_diary():
    import time
    str_diary="\n"
    end="end"
    now=time.asctime(time.localtime())
    str_diary+=now
    str_diary+="\n----------------------------------\n"
    title=input("请输入标题：")
    str_diary+="《"+title+"》"
    print(str_diary)
    print("(开始输入日记内容，输入 end 并按回车键结束)")
    line=""
    while line!="end":
        line=input()
        str_diary+="\n"+line
    return str_diary+"\n"
```

整个程序都在构造一个字符串，这整个字符串作为一篇日记，包括日期、时间、标题和内容。

再新建一个文件 write_diary.py，将上面的日记写入文件中，代码如下：

```
#本件操作示例
import diary_op
file_name="C:\Workspace\Chapter29\diary.book"
```

```
#写入新日记
try:
    fo=open(file_name,'a')
    new_diary=diary_op.new_diary()
    fo.write(new_diary)
    print("=======写入成功! =======")
except:
    print("发生错误，写入失败")
    raise
finally:
    fo.close()
```

这段程序首先打开一个文件 diary.book，当该文件不存在时会创建它，并以添加的模式访问。然后调用 new_diary()函数创作一篇日记，并写入文件中。

运行程序，结果如图 29.2 所示。

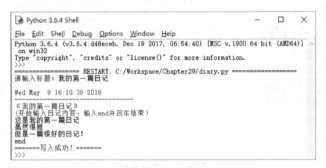

图 29.2　写入文件

至此，小小已经完成了他的第一篇日记。他迫不及待地想看一看自己的这篇日记，虽然本来就是他自己写的。

29.3　翻看旧日记：读取文件

接下来，在刚才建立的 diary_op.py 文件中增加读取文件内容的函数，代码如下：

```
#读取全部日记
def read_diary(f):
    all_diary=f.read()
    print(all_diary)
```

很简单，使用文件对象的 read()方法就可以将整个文件读取为一个字符串。现在新建一个 read_diary.py 文件，添加调用 read_diary()函数的代码：

```
#读取日记
fo=open(file_name,'r')
try:
    diary_op.read_diary(fo)
except:
    raise
finally:
    fo.close()
```

这次，打开文件时要指定访问模式为 r，即只读模式。运行程序后显示出全部日记，如图 29.3 所示。

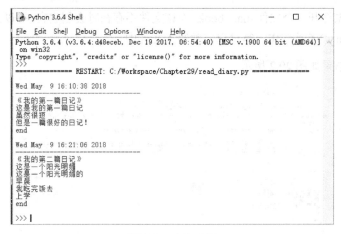

图29.3　回看日记

29.4　读取指定日记

如果想查看某一篇日记，我们可以在 diary_op 文件中添加以下代码：

```
#读取指定标题的日记
def read_diary(f,title):
    start=0
    for line in f:
        if title in line:
            start=1
        if start==1:
            print(line,end='')
            if "end" in line:
                break
```

这个函数接受两个参数：一个是日记的名字，另一个是日记的标题。设置一个标志 start，用于表示开没开始读取日记。遍历文件的每一行，当找到指定标题时将标志置为 1。这时开始输出文件中的行，每行以空字符串结束，直到遇到"end"，这表示一篇日记已读完。运行结果如图 29.4 所示。

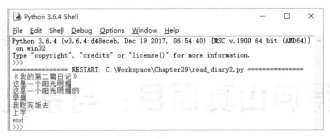

图29.4　读取指定日记

看，可以读取指定标题的日记了。请忽略小小的文采。

第 30 章
识得庐山真面目：与系统打交道

"不识庐山真面目，只缘身在此山中。"这两句诗比喻小小天天在他的计算机上写程序，却不知道他自己的计算机到底是个什么东西。好奇心强的小小希望能通过 Python 了解一下他每天使用的计算机。

30.1 系统信息：OS 常用方法

为了了解自己的计算机，小小编写了一个读取系统信息的程序，保存到 C:\Workspace\Chapter30\sys_info.py，代码如下：

```
#系统信息
import time,platform
#1.当前时间
print("------------------------1.当前时间------------------------")
now=time.localtime(time.time())
now=time.strftime("%Y-%m-%d %H:%M:%S",now)
print("当前时间：",now)

#2.平台信息
print("\n------------------------2.平台信息------------------------")
print("操作系统：",platform.system())
print("操作系统版本：",platform.version())
```

```
#获取操作系统的类型和位数
print("基于",platform.machine(),"机器的",platform.architecture(),"架构计算机")
print("网络名: ",platform.node())
print("处理器: ",platform.processor())
```

为了显示当前时间和平台信息，首先要引入 time 模块和 platform 模块。这两个都是 Python 的内置模块。time 模块的使用之前讲过，这里就不重复讲了。platform 模块用于获取一些操作系统的信息。程序运行结果如图 30.1 所示。

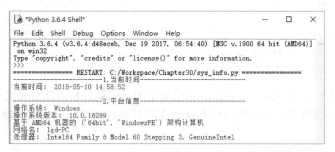

图30.1　获取系统信息

从结果可以看出，小小所用平台是 Windows 10，处理器是 64 位 Intel，等等。小小有点"识得庐山真面目"了。

30.2　文件系统信息

另外一个内置模块 os 可以获得平台文件系统的一些信息。打开 sys_info.py 文件，在后面添加以下代码：

```
#3.目录信息
import os
print("\n--------------------------3.目录信息----------------------------")
print("当前文件系统名称: ",os.name)
current=os.getcwd()
print("当前目录: ",current)
print("当前目录文件: ",os.listdir(current))
print("根目录绝对路径: ",os.path.abspath('.'))
print("根目录文件: ",os.listdir('.'))
mtime=time.localtime(os.path.getmtime(current))
mtime=time.strftime("%Y-%m-%d %H:%M:%S",mtime)
print("当前文件夹最后修改时间: ",mtime)

#4.文件信息
```

```
print("\n------------------------4.文件信息---------------------------")
testfile=os.path.abspath('aROtestfile')
os.chmod(testfile,stat.S_IREAD)
mode_dict={0:'存在',4:'只读',2:'可写',1:'可执行'}
print("文件",testfile,"的权限为: ")
for mode in (os.F_OK,os.R_OK,os.W_OK,os.X_OK):
    print(mode_dict[mode],':',end='')
    if os.access(testfile,mode):
        print("True")
    else:
        print("False")
thisfile=os.path.abspath('sys_info.py')
print(thisfile,"文件大小: ",os.path.getsize(thisfile),"字节")
```

同样，首先引入 os 模块，然后通过 os 模块中的一些属性和方法查看文件系统的信息。程序运行结果如图 30.2 所示。这些信息的具体含义可对照代码和运行结果了解。

```
----------------------3.目录信息---------------------------
当前文件系统名称:  nt
当前目录:   C:\Workspace\Chapter30
当前目录文件:   ['aROtestfile', 'sys_info.py']
根目录绝对路径:   C:\Workspace\Chapter30
根目录文件:   ['aROtestfile', 'sys_info.py']
当前文件夹最后修改时间:  2018-05-10 14:08:10
----------------------4.文件信息---------------------------
文件 C:\Workspace\Chapter30\aROtestfile 的权限为:
存在 : True
只读 : True
可写 : False
可执行 : True
C:\Workspace\Chapter30\sys_info.py 文件大小:  2121 字节
```

图30.2　文件系统信息

该程序显示了 Windows 的文件系统名称（nt）、当前目录和当前目录中的文件。为了演示文件属性，小小事先在目录中建立了一个名为 aROtestfile 的文件，并使用 os.chmod()方法将该文件属性设为只读的。然后检查该文件的属性，可以看到，"可写"一栏为 False。程序还输出了 sys_info.py 文件的大小，为 2121 字节。

小小觉得自己有点像专家了。

30.3　调用系统命令

os 模块中还有一个能够调用系统命令的方法——popen()，其必需的一个参数为被调用的系统命令。继续在 sys_info.py 文件的后面添加如下代码：

```
#5.调用系统命令
print("\n------------------------5.执行系统命令---------------------------")
while 1:
```

```
cmd=input("===========\n|1.网络信息|\n|2.画图板  |\n|3.计算器  |\n===========\n")
if cmd in ('1','2','3'):
    if cmd=='1':
        ipcon=os.popen('ipconfig').read()
        print(ipcon)
    if cmd=='2':
        os.popen('mspaint')           #启动画板
    if cmd=='3':
        os.popen('calc')              #启动计算器
else:
    print("输入无效。")
    break
```

执行这段代码可以调用三个 Windows 命令或程序：ipconfig、画图板和计算器。运行结果如图 30.3 所示。

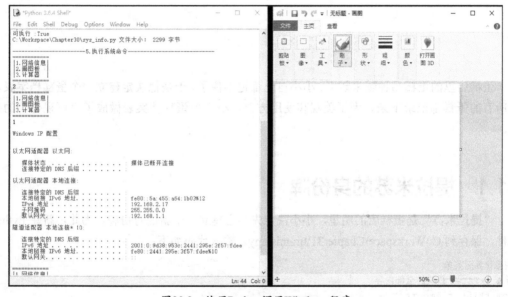

图30.3　使用Python调用Windows程序

程序首先选择打开 Windows 的画图程序，然后再调用 ipconfig 命令，并显示其执行结果。ipconfig 命令用于显示当前 Windows 下的网络 IP 配置信息。

os 是 Python 的一个大模块，此处仅演示了少量 os 的方法，更多内容可参考 Python 3 的官方文档。

不过，仅仅知道这些，已经够小小炫耀一阵子了。

第 31 章
高级身份牌：GUI 编程初步

蛋糕店里的蛋糕品种越来越多，小小自己都记不住了，于是他决定建立一个蛋糕档案表，把所有的蛋糕都记录下来。为了美观和使用方便，小小把蛋糕档案表做成了"可视化"的形式。

31.1 提拉米苏的身份牌

"提拉米苏"是蛋糕店的明星，小小决定先为它建立一个新的身份牌。为此，新建 Python 文件，保存到 C:\Workspace\Chapter31\tiramisu.py。输入代码如下：

```
#图形化界面菜单
#导入 tkinter 模块的全部内容
from tkinter import *
#创建一个窗口
root= Tk()
```

首先，导入一个专门负责制作图形化界面的 Python 模块——tkinter，然后创建一个最基本的窗体，只需调用 Tk()函数即可。创建的窗体在代码中的名字是 root。运行结果如图 31.1 所示。

和以前我们创建的程序不一样的是，这次程序的运行结果不显示在 Python IDLE 中了，而是在一个单独的窗体中。窗体左上角有一个羽毛状的图标和"tk"文字，这是 tkinker 模块的标志。窗体右上角从左到右依次是"最小化"、"最大化"和"关闭"三个按钮，它们接受鼠标操作。你还可以按住窗体的标题栏来拖动窗体。这就是 tkinter.Tk()方法创建的默认窗体。这种图形化的用户界面，简称 GUI，在现实中使用非常广泛。

图31.1　一个空白窗体

空白窗体有了，接下来要有请明星蛋糕"提拉米苏"出场了，它将是第一款出现在档案里的蛋糕。在上述代码的后面继续添加以下代码：

```
#蛋糕数据
tiramisuTxt="""提拉米苏：是一种带咖啡和酒味的意大利甜点。
以马斯卡彭芝士作为主要材料，再以手指饼干取代传统甜点
的海绵蛋糕，加入咖啡、可可粉等其他材料。吃到嘴里香、
滑、甜、腻、柔和中带有质感的变化，味道并不是一味地甜。"""
#创建一个 Label
textLabel = Label(root, #将内容绑定到初始窗体 root 上
    text=tiramisuTxt,
    justify=LEFT,          #文本的对齐方式
    padx=20,pady=10)       #Label 的外边距
textLabel.pack(side=LEFT)           #将 Label 装入窗体，靠左显示
```

这段代码在窗体中放入了一个 Label 对象。Label 对象可以说是 tkinter 模块最常用的小部件了，它用来显示一个文本或图像。在这段代码中使用了 Label 的几个属性，依次说明如下。

- root：第一个参数，指明部件所在的窗体。
- text：要显示的文字，用三个引号引起来，表示按原样输出文本，包括换行。
- justify：表示文本的对齐方式，这里设置为左对齐。
- padx：表示部件放置的位置，padx 表示部件左上角的 x 坐标，而 pady 则表示部件左上角的 y 坐标。规定坐标原点在窗体的左上角。

Label 设计完成后，需要使用 pack()方法将对象"包装"起来。side=LEFT 表示这个 Label 在窗体 root 中靠左放置。程序运行结果如图 31.2 所示。

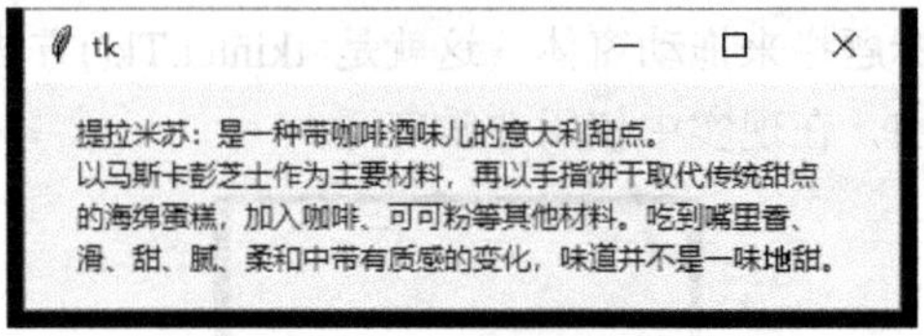

图31.2 含Label部件的窗体

这个 Label 不够精彩，刚才不是说 Label 还可以显示图片吗？赶紧！继续在上述代码后面添加一个图片 Label 对象，代码如下：

```
#创建一个图片 Label
tiramisuPic=PhotoImage(file="tiramisu.png")    #创建图片对象
imgLabel = Label(
    root,                   #父组件
    image=tiramisuPic) #image 属性指明要显示的图片对象
imgLabel.pack(side=RIGHT)      #将 Label 装入窗体，靠右显示

#定制窗体
root.title("提拉米苏")          #设置标题
root.iconbitmap("tiramisu.ico") #设置图标
root.mainloop() #将窗体加入主循环
```

首先，使用 PhotoImage()方法实例化一个图片对象，其支持 png、gif 等格式。然后在创建 Label 对象时，使用 image 属性。包装后即可在窗体 root 中靠右显示。同时还设置了窗体显示时的标题和图标。最后一句 root.mainloop()比较重要，表示将窗体加入主循环中。将程序中的所有任务都放到一个"主循环"中去执行，所以对于每个窗体，都要调用 mainloop()方法将其加入主循环。程序运行结果如图 31.3 所示。

图31.3 提拉米苏的身份牌

现在蛋糕店是不是显得高级多了？"提拉米苏"从此有了身份牌。

31.2 舒芙蕾的身份牌：Text

参照"提拉米苏"的身份牌，小小又制作了"舒芙蕾"的身份牌。这次使用了 tkinter 模块

的 Text 小部件来显示多行文本。程序保存在 C:\Workspace\Chapter31\souffle.py。代码如下：

```
#图形化界面菜单
#导入 tkinter 模块
from tkinter import *
#准备数据
souffleTxt="""舒芙蕾，一种蛋奶酥。源自一种法国的烹饪方法。
这种特殊的厨艺手法，主要材料包括蛋黄及不同配料，再拌入经打匀后的蛋白，
经烘焙后质轻而蓬松。"""

#创建一个 tk 窗体
root = Tk()

#创建一个 Text
text=Text(root,   #将内容绑定到初始窗体 root 上
    height=4,width=35)     #Label 的外边距
text.insert(END,souffleTxt)
text.pack(side=LEFT)          #将 Label 装入窗体，靠左显示

#创建一个图片 Label
soufflePic=PhotoImage(file="souffle.png")
imgLabel = Label(
    root,               #父组件
    image=soufflePic)   #image 属性指明要显示的图片对象
imgLabel.pack(side=RIGHT)         #将 Label 装入窗体，靠右显示

#定制窗体
root.title("舒芙蕾")
root.iconbitmap("souffle.ico")
root.mainloop()  #将窗体加入主循环
```

这段代码使用 Text 替代了 Label，显示效果如图 31.4 所示。

图31.4　舒芙蕾的身份牌

Text 和 Label 的差别显而易见，在这里就不多说了。因为店里还有很多的蛋糕，小小忙着给它们制作身份牌呢。

31.3 更多的小部件

Python 中还有很多图形编程模块，tkinter 只是其中一个。它目前提供了 15 种图形化小部件，具体如表 31.1 所示。

表 31.1 tkinter 模块中的小部件

小部件	描述
Button	按钮：在程序中显示按钮
Canvas	画布：显示图形元素（如线条或文本）
Checkbutton	多选框：用于在程序中提供多项选择框
Entry	输入框：用于显示简单的文本内容
Frame	框架：在屏幕上显示一个矩形区域，多用来作为容器
Label	标签：可以显示文本和图片
Listbox	列表框：用来显示一个字符串列表
Menubutton	菜单按钮控件，用于显示菜单项
Menu	菜单：显示菜单栏、下拉菜单和弹出菜单
Message	消息：用来显示多行文本，与 Label 类似
Radiobutton	单选按钮：显示一个单选的按钮
Scale	范围：显示一个数值刻度，为输出限定范围的数字区间
Scrollbar	滚动条控件、当内容超过可视化区域时使用，如列表框
Text	文本框：用于显示多行文本
Toplevel	容器：用来提供一个单独的对话框，和 Frame 比较类似
Spinbox	输入框：与 Entry 类似，但是可以指定输入范围
PanedWindow	一个用于窗口布局管理的插件，可以包含一个或者多个子控件
LabelFrame	一个简单的容器控件，常用于复杂的窗口布局
tkMessageBox	用于显示消息框

关于图形化编程，内容很多，需要进行专门的学习。下一章将介绍另一项有关 GUI 的关键技术。

第 32 章
一触即发：事件编程

还记得在上一章给"提拉米苏"蛋糕做的身份牌吗？小小给所有的蛋糕都做了一块图文并茂的身份牌。现在需要编写一个"蛋糕档案"程序，把所有的蛋糕都列出来。小小觉得可以先把蛋糕的名称列出来，然后通过这个蛋糕列表打开每一块蛋糕身份牌。

32.1 蛋糕列表：Listbox

把所有蛋糕都放进一个"列表"中，这样一个蛋糕档案表就成形了。不过这个列表是一个"可视化"的列表——Listbox。为此，在 C:\Workspace\Chapter32\目录下新建一个 Python 文件，命名为 cakeFile.py。输入如下代码：

```
#列表框
#导入tkinter模块
from tkinter import *
#创建一个tk窗体
root = Tk()
#蛋糕列表
cakeList=['提拉米苏','舒芙蕾','黑森林蛋糕','瑞士卷']

#创建ListBox
cakeListbox=Listbox(root,justify=LEFT,
width=30,
```

```
selectmode=SINGLE)

#向 Listbox 添加数据
for cake in cakeList:
    cakeListbox.insert(END,cake)
cakeListbox.pack()
```

　　tkinter 模块提供的 Listbox 小部件称为列表框，其用于显示一个或多个文本项，可以把它设置为单选（selectmode=SINGLE）或多选（selectmode=MULTIPLE）形式。使用它的 insert()方法可以向里面添加文本项，添加时可以指定添加的位置。第一个参数为 0 表示在最前面添加项，第一个参数为 END 表示在最末尾添加项。程序运行结果如图 32.5 所示。

图32.1　使用Listbox实现的蛋糕列表

　　使用鼠标可以选中列表框中的项，但是选中之后却什么也不会发生，这是因为目前列表框还缺少一个重要的机制——事件处理。

32.2　程序的感知：事件响应

　　小小一边用鼠标轮番单击列表框里的蛋糕名称，一边想："要怎样才能让列表框能够对鼠标的单击有所反应呢？"这里不得不提到一个词：事件（event）。

　　事件是什么呢？从用户的角度讲，事件就是用户对窗体上各种图形部件进行的操作。从程序的角度讲，事件是可以被部件识别的操作。例如单击鼠标的左、右键，用鼠标拖动，按下键盘的某个键等等都是事件。

　　不同的部件能够识别的事件是有差别的。例如，窗体可以被加载，按钮可以被单击，文本框可以察觉文本变化，单选框或复选框可以被选中等。

　　一旦程序运行过程中有事件被触发，就应该执行一段事先设计好的程序，让用户得到预期的结果。这个事先设计好的程序，被称为"事件处理程序"。

　　为了能够实现以上行为，程序中必须有一步关键的操作——"事件绑定"。事件绑定就是把事件、事件响应和部件三方联系起来。

说了这么多，下面看看小小是怎么做的吧！修改 cakeFile.py 文件，修改后的代码如下：

```
#用字典表示蛋糕档案
cakeList=['提拉米苏','舒芙蕾','黑森林蛋糕','瑞士卷']
cakeFile={}
#提拉米苏和舒芙蕾对应的文件
cakeFile['提拉米苏']='tiramisu.py'
cakeFile['舒芙蕾']='souffle.py'
#打开身份牌的函数
def openCakeCard(cakeName):
    import os
    try:
        print(cakeFile[cakeName])
        os.popen(cakeFile[cakeName])
    except KeyError as e:
        print(e,"身份牌未就绪。")

#导入 tkinter 模块
from tkinter import *
#创建一个 tk 窗体
root = Tk()
#定制窗体
root.title("蛋糕档案")
root.iconbitmap("cakeFile.ico")

#事件处理程序
def selectCake(event):
    item=cakeListbox.get(cakeListbox.curselection())
    print(item)
    openCakeCard(item)

#创建 ListBox
cakeListbox = Listbox(root,justify=LEFT,width=30,selectmode=SINGLE)

#事件绑定
cakeListbox.bind('<ButtonRelease-1>',selectCake)

#蛋糕列表框
for cake in cakeList:
    cakeListbox.insert(END,cake)

#绘制列表框
```

```
cakeListbox.pack()
#加入主循环
root.mainloop()
```

首先，将之前建立的蛋糕身份牌程序复制到当前目录下，如图 32.2 所示。

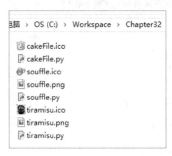

图32.2　准备文件

然后，用一个字典 cakeFile 来保存蛋糕名称和身份牌文件的对应关系，例如，"提拉米苏"对应 tiramisu.py。接着定义一个用于打开指定蛋糕身份牌的函数 openCakeCard()。建立窗体 root 以后，定义一个事件处理程序 selectCake()，让其在捕获事件后执行。然后创建 Listbox 对象，并把鼠标事件 "<ButtonRelease-1>" 和事件处理程序绑定到 Listbox 对象 cakeListbox 上。之后向 cakeListbox 列表框中添加字符串，并将其 pack 到窗体上。最后，别忘了将窗体添加到主循环中。

运行程序，并选择"提拉米苏"和"舒芙蕾"，结果如图 32.3 所示。

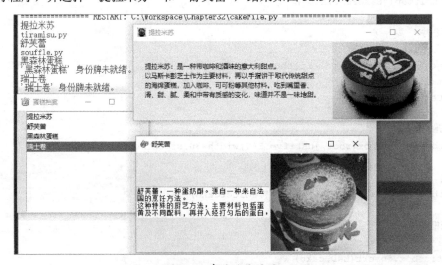

图32.3　事件响应结果

第 33 章

印象派：Canvas 绘图

这天从美术馆出来后，小小对结构主义画派印象深刻。那些简单的水平和垂直线条居然可以让人感受到一股艺术的气息。小小很想学习一下印象派的画风，可惜自己手比较笨，有点发愁。

33.1 一条直线：Canvas 初探

想要成为画家，先从画一条直线开始吧！"两点一线"的道理老师早就说过。所以只要给出两个点，就可以画一条直线（确切地说是线段）。新建一个 Python 文件，保存到 C:\Workspace\Chapter33\myCanvas.py，输入代码如下：

```
#画直线
from tkinter import *
master = Tk()

#创建画布
canvas_width = 800
canvas_height = 400

myPaper = Canvas(master,
    width=canvas_width,
    height=canvas_height,
    background='white')
```

```
myPaper.pack()

#绘制直线
x1,y1=50, int(canvas_height/2)
x2,y2=int(canvas_width/2),50
myPaper.create_line(x1,y1,x2,y2,fill="red",width=2)

x3,y3=canvas_width-50,int(canvas_height/2)
myPaper.create_line(x2,y2,x3,y3,fill="green",width=2)

x4,y4=int(canvas_width/2),canvas_height-50
myPaper.create_line(x3,y3,x4,y4,fill="blue",width=2)

myPaper.create_line(x4,y4,x1,y1,fill="black",width=2)

#主循环
master.mainloop()
```

这段程序演示了如何画直线。首先，引入 tkinter 模块的全部内容，然后创建主窗体。接下来，使用 Canvas() 方法创建一块"画布"，名为 myPaper，使用的参数包括

- master：所在的主窗体对象。
- width 和 height：画布的宽和高。
- background：画布的颜色。

接下来在画布上画直线，可以使用画布对象的 create_line() 方法。该方法的参数说明如下。

- 前面说过，"两点一线"，所以前 4 个参数分别是定义直线的两个点的 x 和 y 坐标。说到这里，我们先来了解一下画布的坐标系。左上角是原点(0,0)，向右方向为 x 轴，向下方向为 y 轴，如图 33.1 所示。

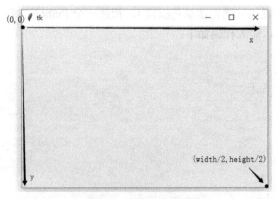

图33.1　画布的坐标系

- 后面的其他参数都是可选的。这里使用 fill 表示线的颜色，width 表示线的宽度。

依据此坐标系，可以了解程序中定义的 4 个点：(x1,y1)、(x2,y2)、(x3,y3)、(x4,y4)都在哪个位置。最后，运行程序，得到如图 33.2 所示的结果。

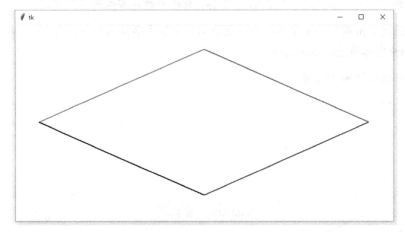

图33.2　在画布上画直线

这幅画眯着眼睛看，还真有点印象派的意思啊！通过实践，小小记住了两点：

- tkinter 模块中的 Canvas 专门用来绘图。
- Canvas 对象的 create_line()方法用于绘制直线。

33.2　标注坐标点：绘制文字

是不是觉得上面的图形画得很好？但小小还想要在菱形的四个顶点处添加它们的坐标。Canvas 也提供了绘制文字的方法——create_text()。修改 myCanvas.py 程序，在调用 mainloop()方法前添加如下代码：

```
#绘制文字
text1="("+str(x1)+","+str(y1)+")"
myPaper.create_text(x1-10,y1+20,text=text1)
text2="("+str(x2)+","+str(y2)+")"
myPaper.create_text(x2,y2-20,text=text2)
text3="("+str(x3)+","+str(y3)+")"
myPaper.create_text(x3-10,y3+20,text=text3)
text4="("+str(x4)+","+str(y4)+")"
myPaper.create_text(x4,y4+20,text=text4)
myPaper.create_text(int(canvas_width/2),int(canvas_height/2),
```

```
text="Canvas 绘图示例",
font=('Times',22)
```

myPaper 是之前创建的 Canvas 对象，调用其 create_text()方法即可绘制文字。create_text()的前两个参数分别为文本框的中心点 x、y 坐标，text 参数是要绘制的文字。

还可以通过 font 参数指定字体，方法是给出一个包含字体名和字体大小的元组。例如大小为 22 的 Times 字体就是('Times',22)。

程序运行结果如图 33.3 所示。

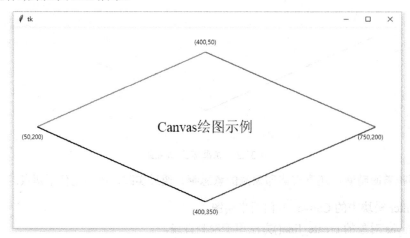

图33.3 绘制文字

33.3 方块和椭圆

Canvas 还提供了绘制方形和椭圆形的方法，分别为 create_rectangle()和 create_oval()。在 myCanvas.py 文件中，在调用 mainloop()之前添加如下代码：

```
#绘制方形和椭圆形
import random
for i in range(3):
    x=random.randint(50, 800)
    y=random.randint(50, 800)
    m=random.randint(100, 400)
    n=random.randint(50, 200)
    myPaper.create_rectangle(x, y,m,n, fill="yellow")
    myPaper.create_oval(m,n,x,y,fill="blue")
```

这次引入了 random 模块，来给这幅作品增加点随机性。可使用 randint(a,b)得到一个 a 和 b

之间的整数。create_rectangle()的前两个参数为矩形左上角的 x、y 坐标，后两个参数为矩形右下角的 x、y 坐标，fill 参数指明填充的颜色。而绘制椭圆的方法 create_oval()的前后两个参数就需要注意一下了，它们分别表示椭圆的外接矩形的左上角和右下角的 x、y 坐标。程序运行结果如图 33.4 所示。

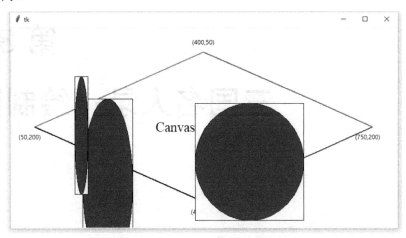

图33.4　绘制矩形和椭圆形

怎么样？是不是有点印象派结构主义的风格呢？不管怎样，这是艺术！

第 34 章

三国名人录：绘制图像

"一吕二马三典韦，四关五赵六张飞……"小小想要制作一部《三国名人录》，展示他喜欢的三国二十四名将。

34.1 神机妙算诸葛亮

小小最喜欢诸葛亮，所以他要先画一个诸葛亮。新建一个 Python 文件，保存到 C:\Workspace\Chapter34\showPic.py，并输入以下代码：

```
#绘制图像
from tkinter import *
root=Tk()

#创建画布
myCanvas=Canvas(root,width=460,height=590,bg='black')
myCanvas.pack()

img0=PhotoImage(file=' 'pictures//孔明.gif')
myCanvas.create_image(0,0,anchor=NW,image=img0)
```

首先，引入 tkinter 模块。然后创建主窗体，命名为 root。接着在主窗体上 pack 一个画布，名为 myCanvas，画布宽 460 像素，高 590 像素，背景色为 black（黑色）。接下来，绘制主角人物——孔明。为此，先创建 PhotoImage 类的对象。这里要注意的是，PhotoImage 的属性 file 使用的是"相对路径"。然后使用 Canvas 对象的 create_image()方法在画布上绘制图像。create_image()的参数依次为左上角的 x、y 坐标，图片的锚点（表示图片位置的点，anchor=NW 表示锚点为左上角）和要显示的 PhotoImage 对象。

运行程序，结果如图 34.1 所示。

图34.1　绘制图像

当然，要事先准备一张大小合适的图片，这里的图片文件为"孔明.gif"，放在 pictures 子目录中。PhotoImage 类能够读取 gif、png 等格式的图片文件。

34.2　三国名人录

除了孔明，还要录进更多的人物才能制成三国名人录。小小又收集了吕布、张飞等人的图片，并处理成合适的大小，放在 C:\Workspace\Chapter34 目录下待用。新建一个 Python 文件，名为 SanGuo.py，输入以下代码：

```
#绘制图像
from tkinter import *
root=Tk()
root.title("三国名人录")
#root.iconbitmap("souffle.ico")
#窗体尺寸
root.geometry('500x700+600+20')   #宽×高+左边距+上边距
```

这段代码创建了主窗体。与以前不同的是，这里使用窗体的 geometry()方法，定义了窗体的大小。其参数为一个格式化的字符串,即"宽 x 高+左边距+上边距",其中乘号用小写字母 x 代替。接下来再输入以下代码,定义一个显示图片的函数:

```
def sango_show(event):
    #声明用于图片的全局变量
    global img1,img2,img3,img4
    #获取按钮文本
    ID=event.widget['text']
    print(ID)
    #加载图片
    if ID==sango[0]:
        myCanvas.create_image(0,0,anchor=NW,image=img0)
    elif ID==sango[1]:
        myCanvas.create_image(0,0,anchor=NW,image=img1)
    elif ID==sango[2]:
        myCanvas.create_image(0,0,anchor=NW,image=img2)
    elif ID==sango[3]:
        myCanvas.create_image(0,0,anchor=NW,image=img3)

#图片
img0=PhotoImage(file='pictures\\张飞.png')
img1=PhotoImage(file='pictures\\吕布.gif')
img2=PhotoImage(file='pictures\\貂蝉.png')
img3=PhotoImage(file='pictures\\孔明.gif')
```

函数 sango_show 接受 event 参数,并使用 event 的 widget['text']属性获取触发该事件的按钮文本。然后根据按钮文本,使用 create_image()方法加载相应的图片。为此要创建 4 个 PhotoImage 对象。

下面开始进行布局。定义两个 Frame 对象,使用 pack()函数,将它们上下排列到主窗体中。上面的 fm1 用来装一排按钮,下面的 fm2 用来装一个 Canvas。代码如下:

```
#Frame 布局
fm1=Frame(root)
fm1.pack(side=TOP,padx=10,pady=10)
fm2=Frame(root)
fm2.pack()

#创建画布
myCanvas=Canvas(fm2,width=460,height=590,bg='black')
myCanvas.pack()

#文字
```

```
myCanvas.create_text(230,245,text='三国名人录',
        font=("隶书",48),fill='red')

#按钮
sango=['张飞','吕布','貂蝉','孔明']
b=[]
for i in range(4):
    b.append(Button(fm1,text=sango[i],font=('KaiTi',32,'bold'),
            width=5,height=1))
    b[i].pack(side=LEFT,anchor=NW)
b[i].bind('<ButtonRelease-1>',sango_show)
```

这段代码比较重要。首先，创建了两个 Frame。然后创建画布 myCanvas，并设定背景色为黑色。先在画布上绘制一行文字，显示"三国名人录"几个字。如何显示文字在之前已经讲过，这里不再重复。然后使用 Button 类创建 4 个按钮对象，保存在列表 b 中。需要注意的是，Button 是放在 fm2 这个 Frame 中的，另外它有一个 command 属性，用于指明要绑定的事件。这里事件响应函数就是前面定义的 sango_show()。

最后，将窗体及其组件加入 mainloop 中。大功告成！

运行程序，结果如图 34.2 所示。单击写有武将名字的按钮，随后会显示武将图片，如图 34.3 所示。

图34.2　三国名人录首页

图34.3　显示武将图片

四名武将小小可以玩一天，他还准备添加更多的三国名将，做成一个真正的三国名人录，让我们拭目以待吧！

第 35 章
生命在于运动：Canvas 动画

小小每天都要早起锻炼，因为"生命在于运动"。小小把这个道理推广到 Python 编程中，认为程序的生命也在于：运动。

35.1 Just move

小小通过学习，发现 tkinter 模块的 Canvas 对象有一个 move 方法。这个方法是不是就是用来实现移动效果的呢？小小为了验证自己的猜想，建立了一个 Python 文件。将文件保存到 C:\Workspace\Chapter35\move.py，并输入以下代码：

```
#移动示例
import time
from tkinter import*

window=Tk()          #建立主窗体
canvas=Canvas(window,width=500,height=500)      #建立一个画布对象canvas
canvas.pack()
#建立多边形，顶点坐标（x1,y1,x2,y2,x3,y3）
canvas.create_polygon(10,10,10,60,50,35,fill='red')   #图形编号为1，以后的图形编号依次类推

def draw_one_frame():
    canvas.move(1,5,6)   #1号对象，向x方向移动5像素，向y方向移动6像素
```

```
def animate():
    draw_one_frame()
    window.after(100, animate)

window.after(100,animate)
window.mainloop()
```

首先引入 time 模块和 tkinter 模块。为简单起见，使用 from tkinter import *，这样在后续代码中不用指明 tkinter 名字空间。像往常一样，先创建一个主窗体（名为 window）并在其中添加一个 Canvas 对象，名为 canvas。接下来使用 Canvas 对象的 create_polygon()方法创建一个多边形，参数为顶点的坐标。这个多边形在 canvas 中为 1 号对象，以后创建的图形的编号依次类推。

然后，定义两个函数。第一个函数为 draw_one_frame()，在该函数中执行了 Canvas 对象的 move()方法。move()方法的三个参数 1、5、6 分别表示，将 1 号对象向 x 轴方向移动 5 个像素，向 y 轴方向移动 6 个像素。第二个函数为 animate()，在该函数中首先调用了 draw_one_frame() 函数，然后调用了 tkinter 窗体对象的 after()函数。after (100,animate)表示 100 毫秒后，将 animate 添加到 mainloop 主循环中。

最后，执行 window.after(100,animate)语句，在 100 毫秒后调用 animate()函数。当然，别忘了将 window 加入主循环。

运行程序，可以看到图形在窗体中移动，如图 35.1 所示。

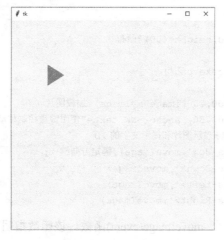

图35.1 移动的图形

为简单起见，在这个程序中没有定义如何停止这个图形的移动的方法，所以它会沿着指定的方向一直移动下去，很快就会跑出窗体的边界。不过这不是重点，重点在于：

- Canvas 中对象的编号机制。
- 如何使用 move()方法。
- 如何使用 after()方法。

35.2 上下左右：控制动画

为了"黏住"顾客，小小制作了一个小游戏，顾客在排队无聊的时候可以玩一下。新建一个 Python 文件，名为 control.py，代码如下：

```python
#键盘控制图片的移动
import time
from tkinter import *
def moveImage(event):#图片移动函数
    if event.keysym=='Up':
        canvas.move(1,0,-3)#移动ID为1的事物，使得横坐标加0，纵坐标减3
    elif event.keysym=='Down':
        canvas.move(1,0,+3)
    elif event.keysym=='Left':
        canvas.move(1,-3,0)
    elif event.keysym=='Right':
        canvas.move(1,3,0)
    tk.update()    #更新窗体

tk=Tk()#窗口
canvas=Canvas(tk,width=400,height=400)#画布
canvas.pack()
myImage=PhotoImage(file='cake.png')

img=canvas.create_image(200,200,image=myImage)#加载图片
tips=canvas.create_text(10, 50, anchor=NW,text="使用键盘控制移动方向")#创建提示文字
print (img);print (tips)    #显示图片和提示文字的ID
canvas.bind_all('<KeyPress-Up>',moveImage)#绑定方向键 up
canvas.bind_all('<KeyPress-Down>',moveImage)
canvas.bind_all('<KeyPress-Left>',moveImage)
canvas.bind_all('<KeyPress-Right>',moveImage)
```

在这段代码中定义了一个 moveImage(event)函数。该函数指明了当用户按下键盘方向键时的操作——move。然后使用窗体对象的 update()函数更新窗体。

按照常规做法，创建主窗体和画布。在画布中添加一个图片对象，保存到变量 img。再添加一个提示文本 tips。最后将键盘事件和事件的响应函数 moveImage 绑定到 canvas 对象上。

运行程序后，可以使用键盘的方向键控制图片的移动，如图35.2所示。

图35.2 控制动画移动

现在，小小蛋糕店里的顾客们在排队时都会玩这个移动的"蛋糕"游戏。你也赶快来试试吧！

第 36 章
超强背景音：播放声音

"你像小鱼儿自由游荡，你像小鸟儿自由飞翔。"小小最近嘴里一直哼着一首歌。他想把这首歌作为自己蛋糕店的主题曲，原因很简单，歌的原唱叫作"蛋糕乐队"！

36.1 播放 wav 文件

Python 中有一个 winsound 模块，专门用来播放 Windows 系统中的 wav 文件。小小选了一个 wav 文件放到 C:\Workspace\Chapter36\music 目录下。然后编写了一个播放器，保存到 C:\Workspace\Chapter36\playwav.py。代码如下所示：

```
#播放 wav 文件
import winsound

def play(event):
    global wav
    wav=winsound.PlaySound("music\\sample.wav",winsound.SND_ASYNC)
    print(event)
def stop(event):
    winsound.PlaySound(wav,winsound.SND_PURGE)

from tkinter import *
```

```
root=Tk()

btn1=Button(root,
            width=20,
            height=1,
            text='播放')
btn2=Button(root,
            width=20,
            height=1,
            text='停止')
btn1.pack(side=LEFT)
btn2.pack(side=RIGHT)
btn1.bind('<ButtonRelease-1>',play)
btn2.bind('<ButtonRelease-1>',stop)
root.mainloop()
```

首先引入 winsound 模块。然后创建两个函数用于播放和停止声音。play()函数接受到可识别的事件后，使用 winsound.PlaySound()函数播放声音，并创建一个声音对象，名为 wav。使用 global 关键字把 wav 声明为全局对象，因为后面的 stop()函数要使用它。

在程序中用到了 winsound 中的两个主要函数。

1. winsound.PlaySound("music\\sample.wav",winsound.SND_ASYNC)

PlaySound()用于播放声音，返回声音对象。第一个参数用于指定事先准备好的 wav 文件，不支持 mp3 格式文件。第二个参数用于指示声音如何播放，winsound.SND_ASYNC 表示异步播放声音。

2. winsound.PlaySound(wav,winsound.SND_PURGE)

这里，第一个参数为之前在 play()函数中创建的声音对象 wav，第二个参数 winsound.SND_PURGE 指示清除第一个参数指定的声音对象。

接下来的步骤我们就很熟悉了，创建一个窗体和两个按钮，将两个按钮打包放到窗体中并绑定鼠标事件"<ButtonRelease-1>"。最后将窗体放入主循环。

程序运行结果如图 36.1 所示，你单击"播放"按钮会听到声音，单击"停止"按钮会停止播放声音。

图36.1　wav播放器

36.2　pip 和 pygame：安装外部模块

小小想使用 winsound 模块来播放他喜欢的蛋糕店主题曲 cakebgm.mp3，可是 winsound 模块并不能播放 mp3 文件，所以还需要使用其他的办法来解决这个问题。可以引入一个 pygame 模块，它有可以播放 mp3 音乐的方法。

但是 pygame 并不是 Python 3 的内置模块，需要自行安装。

第一步：安装 pip 程序。pip 是一个用于安装 Python 模块的工具。小小已经下载了所需的 get-pip.py 文件，放在 C:\Workspace\Chapter36\install 目录下。在 Windows 搜索栏键入 cmd 并按回车键，打开命令窗口，如图 36.2 所示。

图36.2　命令窗口

由于已经配置了环境变量（见附录），所以在这里直接运行 python get-pip.py 命令。等待一段时间后，将会出现如图 36.2 所示的提示信息："Sussessfully installed pip-10.0.1"，表示 pip 已成功安装。

第二步：安装 wheel 程序。wheel 用于解压 pygame 包，pygame 包是一个 whl 格式的文件。运行 pip install wheel 命令即可在线下载安装 wheel 程序，如图 36.3 所示。

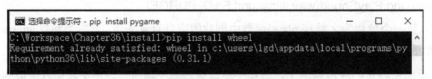

图36.3　安装wheel

第三步：安装 pygame 模块。保持联网状态，在命令提示符后面输入 pip install pygame 命令，即会安装 pygame，如图 36.4 所示。

第 36 章　超强背景音：播放声音

图36.4　安装pygame

安装结束后，显示安装成功的提示信息，如图 36.5 所示。

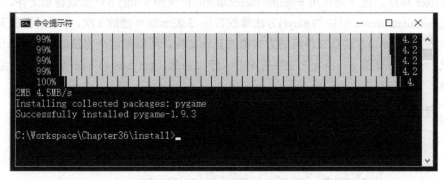

图36.5　pygame安装成功

现在，可以开始播放小小的超强 mp3 背景音乐了，不过这不是重点，重点是我们知道如何使用 pip 安装外部程序。

36.3　蛋糕店的主题曲：播放 mp3

成功安装了 pygame 模块后，就可以播放 mp3 音乐了。先准备好要作为背景音乐的 mp3 文件，放在 C:\Workspace\Chapter36\music 目录下。然后新建一个 Python 文件，保存到 C:\Workspace\Chapter36\playMp3.py，代码如下：

```
#播放 mp3
import pygame
```

【179】

```
file="music\\bgm.mp3"
#初始化
pygame.mixer.init()
print("播放音乐")
#加载
track = pygame.mixer.music.load(file)
#播放
while 1:
    #检查音乐流，如果没有音乐流则选择播放
    q=input("按【Enter】键播放，再次按【Enter】键停止")
    if pygame.mixer.music.get_busy()==False:
        pygame.mixer.music.play(5)
    elif q=='':
        pygame.mixer.music.stop()
        break
```

首先，引入 pygame 模块。创建好要播放的文件对象，这里叫作 file。然后，初始化 pygame.mixer 模块。接下来使用 pygame.mixer.music 模块的 load() 方法加载音乐文件。加载后，使用 pygame.mixer.music 模块的 play() 方法播放音乐，5 表示循环播放 5 次，-1 表示播放无限次。需要指出的是，play() 方法以文件流的方式播放音乐文件，所以把这个方法放到一个 while 循环里。定义一个标志变量 q，当 q 为空字符串时，停止播放。get_busy() 方法用于检查音乐流是否已经播放。

运行程序，按提示操作就可以播放背景音乐了，如图 36.6 所示。

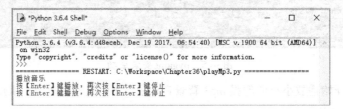

图36.6　播放背景音乐

pygame 的功能远不止播放 mp3，它其实是一个使用 Python 制作游戏的模块。关于 pygame 更深入的知识，我们以后慢慢讲。

第 37 章
猜数游戏：GUI 应用

5岁的弟弟迷上了玩游戏，成天缠着小小。小小只好给他设计了一个适合他玩的游戏——猜数游戏。计算机"想"一个数，弟弟来猜，然后计算机告诉他猜大了还是猜小了，直到猜中为止。

37.1 音乐和音效

这虽然是一个简单的游戏，但是也值得学习，因为再复杂的程序也是从一个简单的程序开始的。新建一个文件，保存到 C:\Workspace\Chapter37\number_game.py。首先使用注释创建一个游戏的框架，说明需要做些什么，这很重要。代码如下：

```
#导入所需模块
#初始化猜数的范围
#处理声音
#处理事件
#交互信息
#创建窗体
#启动窗体
```

这段代码全部是注释，由此可以看出游戏需要的元素：初始数据、声音、事件、窗体。接下来填充代码。

```python
#猜数游戏
#导入所需模块
import tkinter as tk
import sys
import random
import re
import pygame

#初始化猜数的范围
number = random.randint(0,1024)
isRunning = True
num = 0
maxNum = 1024
minNum = 0

#处理声音
pygame.mixer.init()
def playSound(flag):
    screen=pygame.display.set_mode([1,1])#临时措施
    if flag==1:#猜小了
        file="sound\\small.wav"
    elif flag==2:#猜大了
        file="sound\\big.wav"
    elif flag==3:#答对了
        file="sound\\right.wav"
    elif flag==4:#一次答对
        file="sound\\impossible.wav"
    elif flag==5:#10次以内
        file="sound\\wonderful.wav"
    elif flag==6:#50次以内
        file="sound\\good.wav"
    elif flag==7:#超过50次
        file="sound\\goon.wav"
    elif flag==8:#quit
        file="sound\\quit.wav"
    sound=pygame.mixer.Sound(file)
    sound.play()

def playMusic():
    file="sound\\bgm.mp3"
    pygame.mixer.music.load(file)  #载入音乐文件
    pygame.mixer.music.set_volume(0.2)  # 设置音量
    pygame.mixer.music.play(-1)  #循环播放
```

世界上几乎没有一款游戏是静悄悄的。想要游戏吸引人，必须要有令人激动的配乐。所以，首先将音乐准备好！一般来说，游戏中都有两种声音类型：背景音乐和音效。这里，背景音乐使用 playMusic 函数来处理。需要载入音乐文件，设置音量和播放方式。然后在启动窗体时调用 playMusic()函数来播放背景音乐。

使用 playSound()函数来处理音效，这里考虑了 8 个场景：猜大了、猜小了、一次猜中，等等。调用 pygame.mixer.Sound()函数来加载音效文件。要注意的是，pygame 的音效只支持非压缩 wav 文件和 ogg 文件。如果播放没有声音或提示"Unable to open file"错误，则很可能是文件类型不被支持。playSound()将在响应事件时被调用。

另外，使用 pygame.mixer.Sound()函数时，必须先显示 pygame 的界面。但是本书并不想涉及更多 pygame 游戏开发的细节，所以在 playSound()函数中采取了一个临时措施——使用 pygame.display.set_mode([1,1])语句创建了一个临时的 pygame 界面。期待以后大家能改进这个界面。

37.2　游戏的交互：事件处理

游戏要能"玩"，这是最基本的，所以必须要有事件响应。接下来定义事件处理函数，也称事件响应函数。接着前面的代码，输入如下代码：

```
#处理事件
#关闭
def ebtnClose(event):
    playSound(8)
    pygame.mixer.music.stop()
    root.destroy()
    pygame.quit()
#猜数
def ebtnGuess(event):
    global maxNum
    global minNum
    global num
    global isRunning
    #在用户答对后，提示标签不再变化
    if isRunning:
        val_a = int(entry_a.get())
        if val_a == number:
            labelqval("恭喜答对了！")
            playSound(3)        #播放猜对的音效
```

```
            num+=1      #记录猜测次数
            isRunning = False    #更新猜测状态
            guessComment()    #更新显示文字
        elif val_a < number:
            if val_a > minNum:
                minNum = val_a
                num+=1
                label_tip_min.config(label_tip_min,text=minNum)
            labelqval("小了哦")
            playSound(1)
        else:
            if val_a < maxNum:
                maxNum = val_a
                num+=1
                label_tip_max.config(label_tip_max,text=maxNum)
            labelqval("大了哦")
            playSound(2)
    else:
        labelqval('你已经答对啦...')
        playSound(3)

#交互信息
def guessComment():
    if num == 1:
        labelqval('一次答对！真厉害！')
        playSound(4)
    elif num < 10:
        labelqval('10 次以内就答对了，真厉害！尝试次数：'+str(num))
        playSound(5)
    elif num < 50:
        labelqval('终于答对了，不错！尝试次数：'+str(num))
        playSound(6)
    else:
        labelqval('您已经试了超过 50 次了，坚持就是胜利！尝试次数：'+str(num))
        playSound(7)
#提示文字标签
def labelqval(vText):
    label_val_q.config(label_val_q,text=vText)
```

以上代码创建了关闭按钮的事件响应函数 ebtnClose()和猜数按钮的事件响应函数 ebtnGuess()。

关闭函数比较简单，播放关闭的声音，停止背景音乐，然后销毁 tk 窗体和 pygame 窗体。

事件响应函数则需要根据用户的输入进行判断处理，答对时播放答对的音效，记录猜测次数，更新猜测状态，更新显示文字，等等。如果已经猜对，需要考虑结束游戏，为此设计了 isRunning 变量，指示猜测状态。

还定义了一个函数 guessComment()，它根据猜测的次数，调用 labelqval()函数来修改界面上的文字提示。

37.3 游戏界面

最后设计完成游戏的界面，该界面接受用户输入，并做出响应。就使用简单的 tkinter 模块来实现吧。继续输入以下代码：

```
#创建窗体
root = tk.Tk(className="猜数游戏")
root.geometry("400x90+200+200")

line_a_tip = tk.Frame(root)
label_tip_max = tk.Label(line_a_tip,text=maxNum)
label_tip_min = tk.Label(line_a_tip,text=minNum)
label_tip_max.pack(side = "top",fill = "x")
label_tip_min.pack(side = "bottom",fill = "x")
line_a_tip.pack(side = "left",fill = "y")

line_question = tk.Frame(root)
label_val_q = tk.Label(line_question,width="80")
label_val_q.pack(side = "left")
line_question.pack(side = "top",fill = "x")

line_input = tk.Frame(root)
entry_a = tk.Entry(line_input,width="40")
btnGuess = tk.Button(line_input,text="猜数")
entry_a.pack(side = "left")
#事件绑定
entry_a.bind('<Return>',ebtnGuess)
btnGuess.bind('<Button-1>',ebtnGuess)
btnGuess.pack(side = "left")
line_input.pack(side = "top",fill = "x")

line_btn = tk.Frame(root)
btnClose = tk.Button(line_btn,text="关闭")
btnClose.bind('<Button-1>',ebtnClose)
btnClose.pack(side="left")
```

```
line_btn.pack(side = "top")

labelqval("请输入 0~1024 之间的任意整数：")
entry_a.focus_set()

#启动窗体
print(number)
playMusic()
root.mainloop()
```

这段代码创建了一个 tk 窗体，然后在窗体上布局 Frame 框架、Button 按钮和 Entry 输入框以及几个 Label 文字标签。当然，还需要给按钮绑定鼠标事件，这里为 Entry 绑定了按下回车键的键盘事件。

最后，启动 mainloop()函数，启动前调用前面定义好的 playMusic()函数播放背景音乐。

运行程序，界面如图 37.1 所示。

图37.1　猜数游戏的界面

当然，你需要戴上耳机或者接上音箱才能听见声音。要关闭游戏，请单击"关闭"按钮。

祝你玩得愉快！

第 38 章
散文中的动词：正则表达式

最近小小他们正在学习朱自清的散文《匆匆》："燕子去了，有再来的时候；杨柳枯了，有再青的时候……"。老师请大家找出文中描写了哪些景物，又使用了哪些动词。小小觉得很麻烦，不如让程序来帮忙。

38.1 找到杨柳、燕子和桃花

Python 提供了一个 re 模块，专门用于在一大段字符串中找到特定模样的子串，小小决定用它来查找文中的几个名词。他写了个程序，保存在 C:\Workspace\Chapter38\regexpr.py，代码如下：

```
#正则表达式
import re
raw="燕子去了，有再来的时候；杨柳枯了，有再青的时候；桃花谢了，\
有再开的时候。但是，聪明的，你告诉我，我们的日子为什么一去不复返呢？——\
是有人偷了它们罢：那是谁？又藏在何处呢？是它们自己逃走了罢：现在又到了哪里呢？"

patterns=["杨柳","燕子","桃花"]

print("==================原始字符串：")
print(raw)
print("==================正则表达式：")
```

```
for reg in patterns:
    print(reg)

#match
print("==================匹配字符串开头：")
for reg in patterns:
    matchObj=re.match(reg,raw)
    print("从头匹配原始字符串：)--->",matchObj)
    if matchObj:
        print("匹配结果：",matchObj.group())
        print("匹配位置：",matchObj.span())
    else:
        print("无匹配项")

#search
print("==================搜索整个字符串，进行匹配：")
for reg in patterns:
    matchObj=re.search(reg,raw)
    print("搜索原始字符串结果：)--->",matchObj)
    if matchObj:
        print("匹配结果：",matchObj.group())
        print("匹配位置：",matchObj.span())
    else:
        print("无匹配项。")
```

该代码首先引入模块 re。re 是专门用于处理"正则表达式"的模块。什么是正则表达式？请先记住，正则表达式就是一个字符串——其中含有一些具有特定意义的符号的字符串。然后定义了一个长长的字符串 raw，它来自朱自清的散文《匆匆》。然后又定义了一个 patterns 列表，其元素是 3 个汉语词语：杨柳、燕子和桃花。接下来的任务是：判断这 3 个词语是不是在字符串 raw 的开头或者中间。可以使用 re 模块提供的 match() 函数和 search() 函数来做这个事情。它们的区别是，match() 只判断模式串在不在原始串的开头，而 search() 则会搜索整个原始串，并试图找出第一个与模式匹配的项。如果有匹配项，两者都返回一个匹配对象；如果没有匹配项，两者都返回 None。匹配对象的 group() 方法可以返回匹配的字符串，span() 方法可以返回匹配的开始和结束位置。除此之外，程序的其他部分都是简单的 print() 函数。

运行程序，结果如图 38.1 所示。

结果显示，"杨柳"不在开头，在 12 至 14 的字符位置；"桃花"不在开头，在 24 至 26 的字符位置；"燕子"在开头，占 2 个中文字符位置。

要说明的是，这里的模式就是 3 个中文词语，从原始字符串中找到的匹配项也就是这 3 个词语本身。从正则表达式的官方语言来说即"字符和数字匹配它本身。"

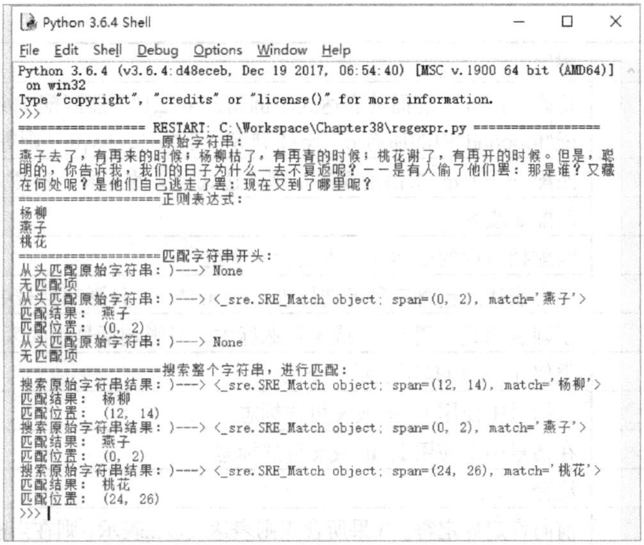

图38.1 匹配结果

38.2 找到"动词":正则表达式的模式

通过这个小小的程序,小小对正则表达式的意思基本了解了。但是为什么要有"模式"、"正则表达式"这样的东西,而不简单地归为字符串呢?显然,正则表达式没有那么简单。废话不多说,我们来认识一下表38.1中所列的正则表达式的模式。

表 38.1 正则表达式模式

模式	描述
^	匹配字符串的开头
$	匹配字符串的末尾
.	匹配任意字符,除了换行符,当 re.DOTALL 标记被指定时,则可以匹配包括换行符的任意字符
[...]	用来表示一组字符。特别指出,[amk]匹配'a'、'm'或'k'
[^...]	不在[]中的字符。[^abc]匹配除了 a、b、c 之外的字符
re*	匹配 0 个或多个表达式
re+	匹配 1 个或多个表达式
re?	匹配 0 个或 1 个由前面的正则表达式定义的片段,非贪婪方式
re{ n}	匹配 n 个前面的表达式。例如,"o{2}"不能匹配"Bob"中的"o",但是能匹配"food"中的两个 o

续表

模式	描述
re{ n,}	精确匹配n个前面的表达式。例如，"o{2,}"不能匹配"Bob"中的"o"，但能匹配"fooood"中的所有o。"o{1,}"等价于"o+"，"o{0,}"则等价于"o*"
re{ n, m}	匹配 n 到 m 次由前面的正则表达式定义的片段，贪婪方式
a| b	匹配 a 或 b
(re)	匹配括号内的表达式，也表示一个组
(?imx)	正则表达式包含三种可选标志：i、m 或 x。只影响括号中的区域
(?-imx)	正则表达式关闭 i、m 或 x 可选标志。只影响括号中的区域
(?: re)	类似 (...)，但是不表示一个组
(?imx: re)	在括号中使用 i、m 或 x 可选标志
(?-imx: re)	在括号中不使用 i、m 或 x 可选标志
(?#...)	注释
(?= re)	前向肯定界定符。如果所含正则表达式以...表示，则在当前位置匹配时为成功匹配，否则失败。但一旦已经尝试所含表达式，则模式的剩余部分还要尝试界定符的右边
(?! re)	前向否定界定符。与肯定界定符相反，当所含表达式不能在字符串当前位置匹配时成功
(?> re)	匹配的独立模式，省去回溯
\w	匹配数字、字母和下画线
\W	匹配非数字、字母和下画线
\s	匹配任意空白字符，等价于 [\t\n\r\f]
\S	匹配任意非空字符
\d	匹配任意数字，等价于 [0-9]
\D	匹配任意非数字
\A	匹配字符串开始
\Z	匹配字符串结束，如果存在换行，则只匹配到换行前的结束字符串
\z	匹配字符串结束
\G	匹配最后匹配完成的位置
\b	匹配一个单词边界，也就是指单词和空格间的位置。例如， 'er\b' 可以匹配"never" 中的 'er'，但不能匹配 "verb" 中的 'er'。
\B	匹配非单词边界。'er\B'能匹配"verb"中的'er',但不能匹配"never"中的'er'
\n, \t, 等	匹配一个换行符，匹配一个制表符等
\1...\9	匹配第n个分组的内容
\10	匹配第n个分组的内容，如果向后匹配第 10 个分组，若无匹配项，则 10 表示八进制转义字符

这个表有点让人眼花缭乱，不要着急，可以在实践中慢慢体会。举个简单的例子，在 regexpr.py 文件的后面添加下面代码：

```
#更多模式
print("==================查找所有"了"字前面的动词：")
result=re.findall('([\S])了',raw)
for i in range(0,len(result)):
    print(result[i])
```

这里的模式为"([\S])了"，由表 38.1 可知，\S 表示匹配任意非空字符。加上后面的"了"字，规定模式中一个非空字符后面必须有个"了"字。加上圆括号，表示一个组。返回时只返回组中的字符。另外，这里使用了 findall()函数，表示找出所有匹配项，并将结果保存为一个列表。运行结果如图 38.2 所示。

图38.2　查找所有匹配项

找到了 6 个动词，小小一下子觉得自己很牛了呢！

第 39 章
小小的爬虫：正则表达式的应用

小小参观了"一度"科技公司，这是一家搜索服务公司。据科学家介绍，搜索服务的引擎就是一种被称为"爬虫"的程序。

39.1 切割网页：为匹配做准备

"简单说，爬虫就是把网页中的有用信息按模式匹配出来，然后分门别类存放起来供搜索用。"虽然科学家觉得已经讲得很通俗易懂了，但是小小还是不太明白。于是他回家按科学家讲的，边琢磨边写了个程序，将一个网页中的所有链接文字和链接目标都抓取出来。程序保存在C:\Workspace\Chapter39\xxSpider.py。首先，将下载的网页文件加载到内存，代码如下：

```
#加载下载的网页文件
def loadfile(file_path):
    try:
        f=open(file_path,'r',encoding='UTF-8')
        raw_txt=f.read()
        lines0=raw_txt.split("<a ")
        #lines 列表的每个元素都是一个字符串,不含有"<a",含有一个"</a>",除第一个元素外
        lines=[]
        for i in range(1,len(lines0)):
            t=lines0[i].split("</a>")     #保留<a>前面的部分
            lines.append(t[0])
        return lines
    except:
        print("文件读取失败: loadfile()")
        raise
```

loadfile()函数将传入的文件路径加载到内存文件对象 f 中，指定采用 UTF-8 编码格式打开。使用文件对象 f 的 read()方法，得到整个的原始文本，保存到 raw_txt 变量中。为了处理方便，预先做了处理：将原始文本中"<a"和"</a>"之间的部分都分离出来，保存在一个字符串列表中，取名为 lines。详细分割过程如下：

（1）先以"<a"分割 raw_txt，得到一个列表 lines0。根据 HTML 文件的特点，lines0 的每个元素，除第一个外，都是"<a"后的一个字符串，且包含一个"</a>"。

（2）再将 lines0 第一个元素以后的元素从"</a>"分割，每次都得到一个列表 t，保留其第 1 个元素，即为<a 和</a>之间的部分。将它们都保存到列表 lines 中。

找一个网页文件，保存到 C:\Workspace\Chapter39\搜狐新闻-搜狐.html。将该网页切割看看。测试代码如下：

```
html_file_path="搜狐新闻-搜狐.html"
for i in range(30):
    print(loadfile(html_file_path)[i])
```

运行结果如图 39.1 所示。

图39.1　切割出来的前30个包含链接的文本

39.2　找出文字中的链接：正则匹配

接下来，把链接显示的文字和 href 后面的链接目标都选出来。这就需要用到正则表达式了：

```
#正则匹配链接
def search_links(raw_txt):
```

```
import re
ptn_link_txt='href=[\'\"]([\S]*)[\"\'].*?>([\S\s]*)'   #链接模式
result=re.search(ptn_link_txt,raw_txt)
link_txt="? "
link_url="? "
if result:
    link_txt=result.group(2)
    link_url=result.group(1)
return link_txt+"【链接到】"+link_url

#启动爬虫
html_file_path="搜狐新闻-搜狐.html"
lines=loadfile(html_file_path)
print('共',len(lines),"行")
for i in range(0,len(lines)):
    result=search_links(lines[i])
print(i+1,result)
```

首先，定义函数 search_links()，传入前面切割好的每一个含链接的字符串。使用 ptn_link_txt 指定的正则表达式作为匹配模式进行搜索。该模式中有两个 group（圆括号括住的部分）。第 1 部分为链接目标，第 2 部分为链接文字。

最后启动爬虫，将结果打印出来。程序运行结果如图 39.2 所示。

图39.2 网页中的链接文字和链接目标

结果并不是很完美，还有一些没有匹配到的内容，比如第 448 条，链接文字缺失了。这说明这个爬虫程序还有待改进。在实际中，爬虫程序中会有很多个不同的正则表达式在处理，而且处理后还需要存储处理结果。

但不管怎么说，正则表达式还是大有用途的。

第 40 章
大蛇卡丁车：多线程

小小、牛牛和小花参加了一年一度惊险刺激的"大蛇卡丁车"比赛，这项赛事以赛道蜿蜒曲折像一条大蛇而闻名。他们同时从起点出发，绕着赛道你追我赶。从主席台看，简直不知道谁领先谁落后，赛况复杂得不能用语言表达。

40.1 赛况直播：了解多线程

为了展示三部赛车同时出发，又争先恐后从主席台呼啸而过的情景，小小建立了一个Python文件，保存为 C:\Workspace\Chapter40\raceThreads.py。代码如下：

```python
#多线程
import threading
import time

isExit = 0

class myThread (threading.Thread):    #继承Thread类
    def __init__(self, name, test_arg):
        threading.Thread.__init__(self) #调用父类的初始化函数
        self.name = name
        self.test_arg = test_arg
    def run(self):
```

```
        print (self.name+"出发\n")
        print_race(self.name, self.test_arg)    #要在线程中执行的函数
        print (self.name+"冲过终点！\n")

def print_race(threadName, delay):
    counter=5    #观测 5 次经过主席台的时间
    while counter:
        if isExit:
            threadName.exit()
        time.sleep(delay)         #延迟 delay 秒
        print("%s 经过主席台\n" % (threadName))
        counter -= 1

# 创建新线程
thread1 = myThread("小小",1)      #参数：threadID、name、测试参数(假设为时间延迟)
thread2 = myThread("牛牛",2)
thread3 = myThread("小花",3)

# 开启新线程
thread1.start() #开启线程后，即会调用 run()方法
thread2.start()
thread3.start()
thread1.join()
thread2.join()
thread3.join()
print("比赛结束")
```

　　这是一个"线程"模拟程序。要处理线程问题，首先需要引入 threading 模块。可以将线程简单理解为程序中能够独立运行的一段代码。threading 模块中定义了一个 Thread 类，当我们创建 Thread 或者它的子类的对象时，就创建了一个线程。

　　Python 程序开始运行时，所有的代码都在一个线程中运行，称该线程为主线程。当程序只有一个线程时其就是单线程程序。当有多个线程时，就是多线程程序。

　　多线程程序有个特点，就是多个线程可以同时运行，互相不受干扰，就像场地赛车各跑各的赛道一样。

　　首先定义 myThread 类，它继承 Thread 类。初始化方法__init__()接受若干个参数，第 1 个 self 不必说了，就是对象自己。第 2 个参数 name，用于从对象的外界传入线程的名字，它是个字符串。从第 3 个参数开始往后可以有一系列的自定义参数，这里只定义了一个，命名为 test_arg。当创建线程时，首先调用初始化方法，为所创建的线程对象定义一些属性。

　　接着是一个很重要的方法——run()，这个方法继承自 Thread 类。当线程启动后，就执行该

方法。在这个模拟赛车的程序中,run()方法执行了"赛车出发"(线程启动)、"赛车通过主席台"(调用 print_race()函数)和"赛车到达终点"(线程执行完毕)三行语句。

其中 print_race()函数输出"赛车"5 次经过主席台的时间。使用 time.sleep(delay)来模拟赛车的快慢。

接下来创建 3 个线程对象:thread1、thread2 和 thread3,分别以赛车手的名字命名:小小、牛牛和花花。再给 test_arg 传入不同的数值,该数值将作为 time.sleep(delay)中的延迟时间,单位为秒。

一切就绪,开启线程。调用线程对象的 start()方法即可。而线程的 join()方法会等待线程执行,可以传入一个数值作为等待的时间。如果无参数,则表示等待线程执行至线程结束。最后,三个线程都执行完毕后,输出"比赛结束"。

程序运行的结果如图 40.1 所示。

图40.1 模拟赛车经过主席台

可以看到,由于三位车手的速度不同,经过主席台的时间也不同。小小最先冲过终点,所以他所在的线程最先执行完毕。

40.2 小小的秘密武器：线程锁

赛车时，其实是允许赛车进入其他赛道的，但是一不小心就可能发生不可预计的后果。同样，如果多个线程共同操作某个数据，也可能导致出现不可预料的结果。要保证数据正确，就需要对多个线程进行同步。同步的意思就是协调好多个线程执行的先后顺序。

第二关有个超强的赛车发射器，可以将赛车高速地发射出去。所以小小和牛牛谁先进入发射器，谁的取胜机会就会大大增加。但是，每次只能发射一辆赛车！所以，谁要是先进入发射器，相当于率先给自己的线程加了把"线程锁"，其他线程就不能占用发射器。

新建 Python 文件，保存为 C:\Workspace\Chapter40\lockThreads.py，代码如下：

```python
#线程锁定与解锁
import threading
import time

class myThread (threading.Thread):
    def __init__(self, name, delay):
        threading.Thread.__init__(self)
        self.name = name
        self.delay = delay
    def run(self):
        print ("开启线程： " + self.name+"出发\n")
        # 获取锁，用于线程同步
        #threadLock.acquire()
        print_turbo(self.name, self.delay)
        # 释放锁，才能开启下一个线程
        #threadLock.release()

def print_turbo(threadName, delay):
    counter=3
    while counter:
        time.sleep(delay)
        print ("%s 发射: %s" % (threadName, time.ctime(time.time())))
        counter -= 1

#threadLock = threading.Lock()
threads = []

# 创建新线程
thread1 = myThread("小小", 2)
thread2 = myThread("牛牛", 1)
```

```
# 开启新线程
thread1.start()
thread2.start()

# 添加线程到线程列表
threads.append(thread1)
threads.append(thread2)

# 等待所有线程完成
for t in threads:
    t.join()
print ("退出主线程")
```

这次只有小小和牛牛两部赛车参加，两人各代表一个线程。程序中他们在各自的线程中分别调用 print_turbo()函数 3 次，小小每次调用函数间隔 2 秒，牛牛每次调用函数间隔 1 秒。

程序运行结果如图 40.2 所示。

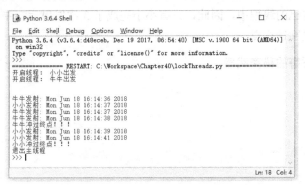

图40.2　没有使用线程锁的情况

由于小小的延迟为 2 秒，比牛牛的延迟多 1 秒，所以牛牛会较早获得发射器。牛牛首先冲过终点。

现在，将 lockthreads.py 代码中的以下 3 处注释去掉，启用线程锁：

```
threadLock.acquire()
threadLock.release()
threadLock = threading.Lock()
```

让先进入发射器的人先使用发射器资源——使用 print_turbo()函数锁定，只让一个线程使用。直到将该资源解锁，其他线程才能使用。

threading 的 Lock()函数返回一个线程锁对象，将其命名为 threadLock。在某个线程中调用线程锁的 acquire()方法即可将资源锁定在本线程中，调用 release()方法则释放资源。

再次运行程序，结果如图 40.3 所示。

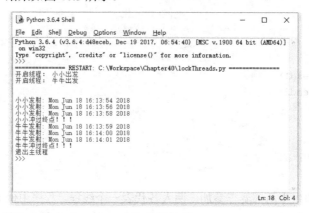

图40.3　启用线程锁的情况

从结果可以发现，小小虽然比牛牛"慢"，但是他先启动线程，所以率先将 acquire() 和 release() 之间的代码锁定到自己的线程中，因此，只有小小完成了 3 次发射后，牛牛才能使用发射器。这一次，小小反而先冲过终点。

线程锁真是个厉害的秘密武器！

第 41 章
您有一个包裹：JSON 处理

小小的好朋友吉森马上就要过生日了，可是小小居然忘了寄礼物给吉森。他听说有一种"传送门"可以在地球上任意两点之间进行物品的瞬间传递。唯一的要求是必须将要传递的物品转换成 JSON 格式。

41.1 小小的礼物：JSON 编码

小小为吉森选择了一款他最喜欢的"云霄飞车"，然后他把它转换成 JSON 格式，以便在网上传输。新建 Python 文件，保存为 C:\Workspace\Chapter41\jsonEnc.py，输入以下代码：

```
#JSON 编码示例
import json

# 将 Python 类型转换为 JSON 对象
funcs=['飞行','潜水','爬坡','公路狂奔']
ops=('功能启动','功能关闭','功能切换')

data = {
  'no' : 1,
  'name' : '云霄飞车',
  'type' : '玩具',
  'function' :funcs,
```

```
    'operation' :ops
}

#转换成 JSON 字符串
json_str = json.dumps(data)
print ("Python 原始数据: ", repr(data))
print ("JSON 对象: ", json_str)
```

JSON(JavaScript Object Notation)是一种数据格式,它可以以简洁的形式表达各种类型,如数字、字符串、数组、对象等。其优势是易于在网络或者程序之间传输。虽然一开始 JSON 是为 JavaScript 语言而设计的,但是由于它非常好用,Python 也提供了支持 JSON 的模块,即 json。所以,示例代码首先引入 json 模块,然后构造几种支持的数据类型:列表 funcs、元组 ops、字典 data 以及作为字典元素的字符串和数字。

json 模块提供了 dumps()函数,用于将传入的 Python 类型转换成 JSON 对象。

运行程序,结果如图 41.1 所示。

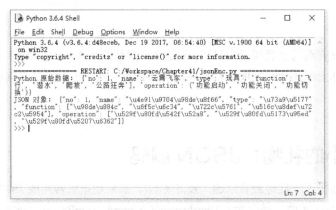

图41.1 将Python类型转换成JSON对象

由该结果可以清楚地看到,编码后得到的 JSON 对象如何与各种 Python 数据类型对应,例如中文字符串都被转换成十六进制 unicode 编码。在图 41.1 所示的提示符后输入以下代码,可以了解 JSON 对象的细节:

```
>>> json_str
'{"no": 1, "name": "\\u4e91\\u9704\\u98de\\u8f66", "type": "\\u73a9\\u5177", "function": ["\\u98de\\u884c", "\\u6f5c\\u6c34", "\\u722c\\u5761", "\\u516c\\u8def\\u72c2\\u5954"], "operation": ["\\u529f\\u80fd\\u542f\\u52a8", "\\u529f\\u80fd\\u5173\\u95ed", "\\u529f\\u80fd\\u5207\\u6362"]}'
```

可以看到,JSON 对象实际上是一个字符串,并且字符串的形式与 Python 类型是一一对应的，如表 41.1 所示。

表 41.1　Python 与 JSON 之间的类型转换对应表

Python	JSON
dict	object
list、tuple	array
str	string
int、float、int- & float-derived Enums	number
True	true
False	false
None	null

从表中可以看出，Python 的字典类型被转换成 JSON 的 object 类型，list 和 tuple 被转换成 JSON 的 array，等等。

把 Python 数据转换成 JSON 格式，最常见的做法是将数据包装成字典类型，然后使用 json.dumps()方法进行转换。

41.2　吉森的回信：解析 JSON

不久，小小收到了一个包裹，里面有一封神秘的来信：

{"\u53d1\u9001\u8005": "\u4f60\u7684\u670b\u53cb\u5409\u68ee", "\u63a5\u6536\u8005": "\u5c0f\u5c0f", "\u7f16\u53f7": 2, "\u540d\u79f0": "\u56fd\u9645\u7535\u6e38\u5927\u4f1aVIP\u95e8\u7968", "\u7c7b\u578b": "\u7535\u5b50\u51ed\u8bc1", "\u4f7f\u7528\u65f6\u95f4": 20180621, "\u4f7f\u7528\u8005\u59d3\u540d": "\u5c0f\u5c0f", "\u4f7f\u7528\u5730\u70b9": "\u706b\u661f\u53f7\u98de\u8239\u767b\u673a\u53e3"}

别人看起来似乎是一长串密码，可小小一眼就能认出来，这是一个 JSON 字符串啊！他赶紧回家准备解码。新建一个 Python 文件，保存为 C:\Workspace\Chapter41\jsonDec.py。小小要将这一长串字符串用 json 模块解码，代码如下：

```
#解码 JSON 数据
import json

# 将 Python 字典类型转换为 JSON 对象
json_str='''
{"\u53d1\u9001\u8005": "\u4f60\u7684\u670b\u53cb\u5409\u68ee",
"\u63a5\u6536\u8005": "\u5c0f\u5c0f", "\u7f16\u53f7": 2, "\u540d\u79f0":
"\u56fd\u9645\u7535\u6e38\u5927\u4f1aVIP\u95e8\u7968", "\u7c7b\u578b":
```

```
"\u7535\u5b50\u51ed\u8bc1", "\u4f7f\u7528\u65f6\u95f4": 20180621,
"\u4f7f\u7528\u8005\u59d3\u540d": "\u5c0f\u5c0f", "\u4f7f\u7528\u5730\u70b9":
"\u706b\u661f\u53f7\u98de\u8239\u767b\u673a\u53e3"}
'''
# 将 JSON 对象转换为 Python 字典
python_dict = json.loads(json_str)
print ("收到的信息:\n", python_dict)
# 显示字典元素
print('================分隔线==================')
for key,value in python_dict.items():
    print (key,": ",value)
```

首先仍然要引入 json 模块。用 json_str 字符串变量保存收到的原始数据，这里使用了一对三个连续的单引号，将这一长串字符包裹起来，这样可以在代码中方便地将字符串换行存放。然后，使用 json.loads()函数将 json_str 转换成 Python 的字典类型。在分隔线下面，使用 for 循环将字典的键值对都打印出来。所以，你可以很清楚地知道收到的是什么数据。

运行程序后，得到的结果如图 41.2 所示。

图41.2　JSON解码示例

第二天，小小欣喜若狂地拿着吉森寄来的礼物，参加"国际电游大会"去了。

第 42 章
来自蛋糕店的问候：Web 服务器与 CGI 程序

为了提高蛋糕店的知名度，小小决定为蛋糕店建立一个官方网站，以更好地宣传蛋糕店，为顾客提供服务。为此，小小购买了一台新计算机。

42.1　网站的基础：Web 服务器

性能再好的计算机也不能说它就是一台网站服务器，它和真正的网站服务器之间还有一个 Web 服务器软件的距离。Web 服务器软件有很多种，小小选择了 Apache 基金会的 Apache httpd 服务器，其官方网址是 https://httpd.apache.org。

小小预先下载了用于 64 位 Windows 平台的安装包，存放在 C:\Workspace\Chapter42\web 服务器\httpd-2.4.33-win64-VC15.zip。这是一个压缩文件，将其中的"Apache24"目录解压到 C 盘根目录下即可，如图 42.1 所示。

解压后进入 C:\Apache24\conf 目录，使用 Windows 记事本打开 httpd.conf 文件，找到"ServerName"所在行，并在下一行添加信息：ServerName localhost:80（如果已有则不必添加了），如图 42.2 所示。这就将本机设置成了一台 Web 服务器。

图42.1　解压Apache24目录

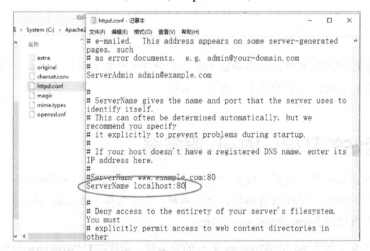

图42.2　在配置文件httpd.conf中添加ServerName信息

以管理员身份运行 cmd 程序，启动 Windows 命令行。进入 apache24\bin 目录，然后运行以下命令安装、启动和关闭 httpd 服务器：

```
httpd.exe -k install
httpd.exe -k start
httpd.exe -k stop
```

运行结果如图 42.3 所示。

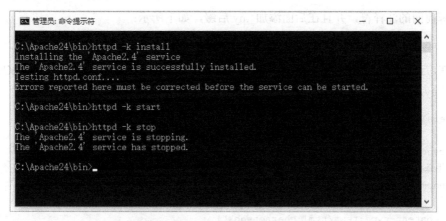

图42.3　安装、启动和关闭httpd服务

执行完毕后，在浏览器地址栏中输入 localhost 并按回车键，出现如图 42.4 所示网页，这说明 httpd 服务器已经成功启动。

图42.4　httpd服务器已成功启动

接下来，就可以建设自己的网站了。

42.2　蛋糕店的问候：第一个 CGI 程序

在 httpd.conf 配置文件中，还可以找到这样一行代码：

```
ScriptAlias /cgi-bin/ "c:/Apache24/cgi-bin/"
```

这表示只要将 CGI 程序放在 C:\Apache24\cgi-bin 目录下面，Web 服务器就可以提供网站服务了。

要让 Python 程序提供服务，还需要在 httpd.conf 中找到这样一行代码：

```
#AddHandler cgi-script .cgi
```

去掉前面的注释符，并且在后面添加 .py 后缀，如下所示：

```
AddHandler cgi-script .cgi .py
```

现在，万事俱备，只欠一个 CGI 程序了。新建一个 Python 文件，保存为 C:\Workspace\Chapter42\helloCGI.py，输入代码如下：

```
#!C:\Users\lgd\AppData\Local\Programs\Python\Python 36\python.exe

import random
menu=('黑森林蛋糕','布朗尼蛋糕','舒芙里','提拉米苏','瑞士卷')
cake=random.choice(menu)

print ("Content-type:text/html;charset=gbk")
print ()                          # 空行，告诉服务器结束头部
print ('<html>')
print ('<head>')
print ('<meta charset="utf-8">')
print ('<title>第一个 CGI 程序</title>')
print ('</head>')
print ('<body>')

print ('<h2>Hello Everyone! ',u'我是来自小小蛋糕店的',cake,'</h2>')
print ('</body>')
print ('</html>')
```

代码很简单，使用 random.choice()函数，从 menu 中挑出一款蛋糕，并把它的名字打印出来。在这些 print()函数中，出现了很多形如<html>这样的字符串，这些都属于超文本标记语言，这是一种用来制作网页的语言，简称"HTML"。

特别要注意两点：

- 在 Windows 下编写程序时，必须将第一行：

```
#!C:\Users\lgd\AppData\Local\Programs\Python\Python 36\python.exe
```

改写为 Python.exe 在你计算机上的路径，否则会出错。

- 在中文系统下编程时，需将编码改为 gbk（视系统编码）：

```
print ("Content-type:text/html;charset=gbk")
```

否则，页面中可能出现乱码。

直接运行 helloCGI.py 后，得到的结果并不是我们想要的，我们想要的是通过浏览器打开一个网页。

将 helloCGI.py 复制到 C:\Apache24\cgi-bin 目录下，然后启动 Apache httpd 服务器。打开浏览器，在地址栏中输入 http://localhost/cgi-bin/helloCGI.py 并按回车键，浏览器显示如图 42.5 所示。

图42.5 在浏览器中执行的CGI程序

每刷新一次网页，就会显示不同的蛋糕名字哦！

第 43 章
为顾客服务：GET 和 POST

"Hello，我是来自小小蛋糕店的瑞士卷！"每天小小的网站都会显示欢迎信息。可是顾客们还想要给蛋糕店发送消息，给小小留言。这又给小小出难题了：如何从顾客的计算机向蛋糕店的服务器程序发消息呢？

43.1 填写蛋糕的名字：客户表单

首先为顾客的访问准备一个网页。为此，创建一个文本文件，命名为 client_page.html，并将它保存在 C:\Workspace\Chapter43\client_page 目录下。这是一个 HTML 文件，代码如下：

```
<!DOCTYPE html>
<html>
<head>
<meta charset="utf-8">
<title>获取蛋糕信息</title>
</head>
<body>
<center><form action="/cgi-bin/cake_info_provider.py" method="get">
顾客姓名：<input type="text" name="customer_name">  <br />
输入蛋糕名称获取信息：<input type="text" name="cake_name">  <br />tips:目前仅支持"提拉米苏"、"瑞士卷"和"黑森林"<br />
<input type="submit" value="提交" />
```

```
</form>
</center>
</body>
</html>
```

这段代码的主要内容是一个 HTML 表单，用于让用户填写两项信息：顾客姓名和想要获取其信息的蛋糕名称。关于 HTML 不在本书的讨论范围，这里仅列出需要注意的两点：

- action="/cgi-bin/cake_info_provider.py"
  表示将该表单提交给/cgi-bin/cake_info_provider.py 文件去处理。
- method="get"
  表示提交表单所用的方法为 GET 方法。该方法将需要提交的信息以字符串的形式附加在网址后面。

将该文件复制到 Apache httpd 服务器上的应用目录中。在小小蛋糕店的服务器上是 C:\Apache24\htdocs\Chapter43 目录。然后启动 httpd 服务器。

启动成功后使用浏览器访问地址：http://localhost/Chapter43/client_page.html，结果如图 43.1 所示。

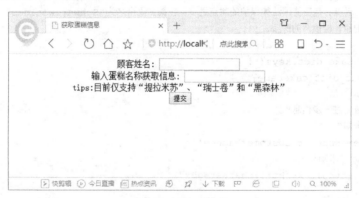

图43.1 客户端网页

客户填写信息，然后单击"提交"按钮将信息提交到指定的处理程序（目前还没有准备好处理程序）。

43.2 客户表单处理程序

要将客户端网页表单中的信息提交到 cake_info_provider.py 程序来处理，所以，赶紧新建文件，并保存为 C:\Workspace\Chapter43\cake_info_provider.py。输入如下代码：

```
#!C:\Users\lgd\AppData\Local\Programs\Python\Python 36\python.exe

# CGI 处理模块
import cgi, cgitb

# 创建 FieldStorage 实例
form = cgi.FieldStorage()

# 获取数据
customerName = form.getvalue('customer_name')
cakeName     = form.getvalue('cake_name')

#蛋糕数据
cake_dict={'提拉米苏':'提拉米苏（Tiramisù），是一种有名的意大利式蛋糕，又可译成堤拉米苏。提拉米苏由泡过咖啡或兰姆酒的手指饼干，加上一层马斯卡彭、蛋黄、干酪、糖的混合物，然后再在蛋糕表面撒上一层可可粉而成。',
            '瑞士卷':'瑞士卷是海绵蛋糕（sponge cake）的一种。在烤炉中将材料烤成薄薄的蛋糕，加上果酱和奶油（混糖奶油、牛奶蛋糊奶油等），和切碎了的果肉，卷成卷状。另外可以加上混和的可可粉和咖啡粉，形成松软的海绵质感的卷蛋糕。',
            '黑森林':'黑森林蛋糕(Schwarzwaelder Kirschtorte)是德国著名甜点,制作原料主要有脆饼面团底托、鲜奶油、樱桃等。黑森林是受德国法律保护的甜点之一，在德文里全名为"Schwarzwaelder"，即黑森林。它融合了樱桃的酸、奶油的甜、樱桃酒的醇香。'}

if cakeName in cake_dict.keys():
    cakeInfo=cake_dict[cakeName]
else:
    cakeInfo="暂无进一步信息"
    cakeName="未知"
if customerName==None or customerName=='':
    customerName='未知'
print ("Content-type:text/html;charset=gbk")
print ()
print ("<html>")
print ("<head>")
print ("<title>获取蛋糕信息</title>")
print ("</head>")
print ("<body>")
print ("<h2>【%s】顾客您好，您查询的：【%s】蛋糕信息如下：</h2>" % (customerName,cakeName))
print ("<p>%s</p>" % (cakeInfo))
print ("</body>")
print ("</html>")
```

首先第一行仍然需要指出 Python 程序的位置。然后引入处理 cgi 程序的模块 cgi 和 cgitb。

使用 cgi.FieldStorage()函数创建一个表单对象 form。然后再使用 form 的 getvalue()方法从表单中获取传入的两条信息：customer_name 和 cake_name（参见 client_page.html 的代码）。

接下来将对应的蛋糕信息提取出来，保存为 cakeInfo。然后通过一系列 print()函数创建一个显示结果的网页。

将该文件复制到 C:\Apache24\cgi-bin 目录中，注意文件位置要和在客户端表单中指明的位置一致。现在，这个 Python 文件就成了为客户提供服务的服务器端程序了。

在客户端网页中填入信息，如图 43.2 所示。

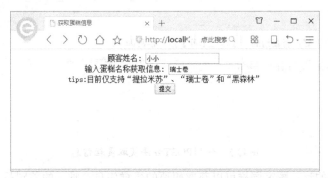

图43.2　在客户端填写表单信息

单击"提交"按钮或按回车键，顾客就可以获得想要的信息了。结果如图 43.3 所示。

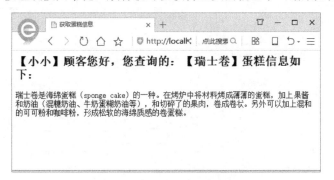

图 43.3　返回给顾客的结果信息

可以看到，在浏览器地址栏中，问号（?）后面的部分显示了用户填写的信息，如图 43.4 所示。这是使用 GET 方法访问服务器的特点。

图43.4　使用GET方法时地址栏会显示信息

43.3 隐藏信息的传递方式：POST

如果不想让信息显示在地址栏，则可以采取 POST 方法。复制一份 client_page.html 并改名为 client_page_post.html。将代码中的 method="get" 改为 method="post"，其余都不变。

同样，将 client_page_post.html 复制到 C:\Apache24\htdocs\Chapter43 目录下进行部署。

使用浏览器访问 http://localhost/Chapter43/client_page_post.html，填写信息并提交，结果如图 43.5 所示。

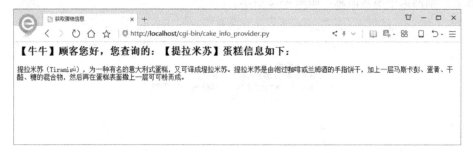

图43.5　使用POST方法获取蛋糕信息

没有什么意外的话，顾客同样可以获取想要的蛋糕信息。唯一的差别是，地址栏中不再显示用户的输入文字。

第 44 章

小 i 是个机器人：socket 编程

每天都有很多顾客来小小的蛋糕店询问蛋糕的事情，小小告诉大家可以先给店里的"小 i"同学发消息进行咨询，小 i 24 小时都可以回答大家的提问，周末也不休息。

44.1 给小 i 发送消息：客户端

小小给大家提供了一个程序，只要顾客在程序中输入消息，立刻可以得到回答。程序是这样的：

```
#主机1
import socket
print('小i：你好，我是小i，有什么可以帮您？')
local_addr = ('localhost',10000)#本地主机发送端口
#目标主机接收端口，请根据实际情况设定ip地址
remote_addr = ('127.0.0.1',20000)
#创建socket对象，DGRAM方式。专门用于发送
ss = socket.socket(socket.AF_INET,socket.SOCK_DGRAM)
#socket对象绑定地址及端口
ss.bind(local_addr)

while 1:
```

```
    sendData = input("发送:")
    if sendData =='quit':
        break
    #通过socket向远端主机发消息
    ss.sendto(sendData.encode("utf-8"),remote_addr)
    #通过socket接收消息和地址
    reciveData,rec_addr = ss.recvfrom(1024)
    if reciveData:
        print("小i@",rec_addr)
        print("发来消息 :",reciveData.decode())
ss.close()
```

将这段程序保存为 C:\Workspace\Chapter44\host_i.py。程序中引入了一个叫作 socket 的模块。它用来处理 socket 相关的操作。socket 称为套接字，是 IP 地址和端口号的组合。网络上的两个程序通过一个双向的通信连接实现数据的交换，这个连接的一端称为 socket。建立网络通信连接至少需要一对 socket。

首先，输出一句客套话："小 i：你好，我是小 i，有什么可以帮您？"接下来，定义本地的地址和端口，将它们保存为一个元组。这里 localhost 表示本地计算机的 IP 地址，端口号自己指定一个，比如 10000。

然后，指定远端主机的端口——('127.0.0.1',20000)，这里 127.0.0.1 是本地计算机 IP 的另一种表示形式。如果使用另一台计算机作为远端服务器，则需要根据实际情况填写 IP 地址。

接下来，使用 socket.socket() 函数创建 socket 对象。创建时接受两个参数，第一个是套接字的类型，可以为 AF_UNIX 或者 AF_INET，这里选择后一种。第二个参数指定通信方式，也有两种：SOCK_STREAM 或者 SOCK_DGRAM，这里选择后一种，表示采取 UDP 的方式通信。基于这两个参数的选择，socket 的后续操作略有不同。

然后，使用 socket 对象的 bind() 方法，将套接字和本地地址绑定。之后就可以通过这个 socket 对象接收网络上发来的消息，以及向远端套接字发送消息了。

下面的 while 循环不断地接收和发送消息，如果发送'quit'消息，则结束循环。通过套接字对象 ss 的 sendto() 方法发送 UDP 数据时需要两个参数：第一个为待发送的数据，可以先行编码；第二个参数为远端接收方的地址，形式为（ipaddr，port）元组，返回值是发送的字节数。

套接字 ss 除了发送数据，还负责接收数据。使用 recvfrom() 方法来接收 UDP 数据，参数为一次接收的字节数。其返回值是形如（data,address）的元组。其中 data 是包含接收数据的字符串，address 是发送数据的套接字地址。

最后根据接收到的字符串，将其处理成要输出给顾客的样式就行了。

如果退出循环，最好将套接字关闭。不然它会一直占用端口资源。

运行程序，现在可以输入，但是按回车键后会报错，因为目前远端服务器还没有运行。结果如图44.1所示。

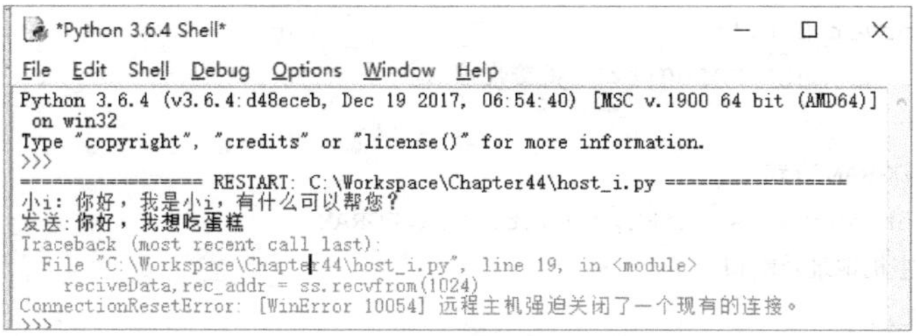

图44.1 客户端程序

结果显示，"远程主机强迫关闭了一个现有的连接。"但其实是，远程主机还不存在！这真是尴尬。

44.2 小i的回答：服务器

为了及时回答顾客，小小创建了一个服务器程序，保存为 C:\Workspace\Chapter44\server_bot.py。代码如下：

```
#小小机器人
def cake_bot(in_msg):
    import random
    cake_dict={'提拉米苏':'提拉米苏（Tiramisù），是一种有名的意大利式蛋糕，又可译成"堤拉米苏"。提拉米苏由泡过咖啡或兰姆酒的手指饼干，加上一层马斯卡彭、蛋黄、干酪、糖的混合物，然后再在蛋糕表面洒上一层可可粉制成。',
        '瑞士卷':'瑞士卷是海绵蛋糕（sponge cake）的一种。在烤炉中将材料烤成薄薄的蛋糕，加上果酱和奶油（混糖奶油、牛奶蛋糊奶油等），和切碎了的果肉，卷成卷状。另外可以加上混和的可可粉和咖啡粉，形成松软的海绵质感的卷蛋糕。',
        '黑森林':'黑森林蛋糕（Schwarzwaelder Kirschtorte）是德国著名甜点,制作原料主要有脆饼面团底托、鲜奶油、樱桃等。黑森林是受德国法律保护的甜点之一，在德文里全名为"Schwarzwaelder"，即黑森林。它融合了樱桃的酸、奶油的甜、樱桃酒的醇香。'}
    if in_msg in cake_dict.keys():
        return cake_dict[in_msg]
    else:
        reply=['你说什么？',
```

```
            '你说得对！',
            '是不是你哪里写错了？',
            '好吧！',
            '我叫小 i，你呢？']
    return random.choice(reply)
import socket
print('This is server_bot.')
local_addr = ('localhost',20000)#本主机接收端口

#创建 socket 对象，DGRAM 方式
ss = socket.socket(socket.AF_INET,socket.SOCK_DGRAM)
#socket 对象绑定本主机地址及端口
ss.bind(local_addr)

while 1:
    #通过 socket 接收消息和地址
    reciveData,rec_addr = ss.recvfrom(1024)
    if reciveData:
        print("from;",rec_addr)
        print("got message",reciveData.decode())
    #通过 socket 向远端主机发消息
    echo=cake_bot(reciveData.decode())
    ss.sendto(echo.encode("utf-8"),rec_addr)
ss.close()
```

这段代码看起来和刚才的 host_i.py 有点像，只不过在 import socket 之前，定义了一个 cake_bot()函数，用来处理回复的文字。如果用户输入三个蛋糕名称之一，会得到蛋糕的说明；如果输入其他名称，则会得到事先设计的随机回答。

接下来就是创建 socket 对象了，过程与前面 host_i.py 中的一样。由于是服务器，所以事先并不知道远端地址。直到通过 recvfrom()方法，才获取到对方的地址，代码如下：

```
reciveData,rec_addr = ss.recvfrom(1024)
```

然后，就可以向 rec_addr 发送回复消息了。

同时运行这个服务器程序和 host_i.py 客户端程序，输入信息，运行结果如图 44.2 所示。

第44章 小i是个机器人：socket 编程

图44.2　服务器和客户端通过socket通信

和小 i 的对话是不是很有趣？如果把服务器设计得更精巧一些，顾客还真以为有位 24 小时不休息的客服同学在回答大家的问题呢！

第 45 章

小小伊妹儿：邮件发送程序

小小的老朋友吉森最近申请了一个电子邮箱，他告诉小小，以后可以给他发"伊妹儿"（E-mail，电子邮件）了。小小很高兴，但是他不打算使用任何一个现有的电子邮件程序给吉森发信，因为他觉得没有什么比自己创建一个邮件发送程序更有意思。

45.1 "吉森，你好！"：文字邮件

发送电子邮件就像去邮局寄信。首先，发信人当地得有一个邮局。不同的是，电子邮局需要给每个人分配一个专属的邮箱，并且有专属的账号和密码。每个人只能使用自己的专属邮箱。所以，想发送电子邮件，小小必须先申请一个邮箱。目前网上有很多免费电子邮箱提供商，比如腾讯、网易、新浪等。连上网并按照提示填写一些信息即可申请成功。小小不一会儿就申请了一个邮箱：xiaoxiao@sina.com，密码是他的生日（19990909）。接下来就可以创建邮件发送程序了。新建一个 Python 文件，保存为 C:\Workspace\Chapter45\smtpEx.py，输入代码如下：

```
#邮件发送程序
#coding:utf-8    #强制使用 utf-8 编码格式
import smtplib   #加载 smtplib 模块
from email.mime.text import MIMEText
from email.utils import formataddr

#邮件发送程序
```

```python
def mail():
    #发信人邮局
    senderEmail ="xiaoxiao@sina.com"      #请根据实际情况修改此处邮箱地址
    senderPassword = "19990909"           #请根据实际情况修改此处邮箱密码
    #收件人
    receiveEmail=input("收件人：")
    subject=input("主题：")

    #写邮件
    print("正文：")
    txt_mail = "   "                      #存储多行文本
    for line in iter(input, ""):
        txt_mail+=line+"\n"

    #发送邮件
    ret=True
    try:
        msg=MIMEText(txt_mail,'plain','utf-8')
        msg['From']=formataddr(["发件人邮箱昵称",senderEmail])    #括号里对应的是发件人邮箱昵称、发件人邮箱账号
        msg['To']=formataddr(["收件人邮箱昵称",receiveEmail])     #括号里对应的是收件人邮箱昵称、收件人邮箱账号
        msg['Subject']=subject  #邮件的标题

        server=smtplib.SMTP("smtp.sina.com",25)   #发件人邮箱的 SMTP 服务器，端口是 25
        server.login(senderEmail,senderPassword)       #括号中对应的是发件人邮箱账号、邮箱密码
        server.sendmail(senderEmail,[receiveEmail,],msg.as_string())    #括号中对应的是发件人邮箱账号、收件人邮箱账号、发送的邮件
        server.quit()      #关闭连接
    except Exception:      #如果 try 中的语句没有成功执行，则会执行下面的 ret=False
        ret=False
        #raise
    return ret

#发邮件
ret=mail()
if ret:
    print("邮件已发送。")  #如果发送成功
else:
    print("发送失败！")    #如果发送失败
```

首先，需要导入 smtplib 模块，它是 Python 中一个专门用于发送邮件的模块。另外，还需要两个用于处理邮件格式的函数：MIMEText 用于将字符串包装成适合以电子邮件发送的形式。formataddr 用于将发件人邮箱的地址和收件人邮箱的地址包装成适合以电子邮件发送的形式。

它们分别来自不同的模块。

然后定义一个用于发送邮件的函数 mail()。该函数首先将发信人邮箱地址和密码定义成变量的形式，此处的取值是虚构的，使用时需要根据实际情况修改。

下面就可以编辑一封邮件了，一般邮件由以下几个部分组成：

- 收件人地址。填写一个有效的电子邮件地址。
- 主题。邮件的简短说明，为一个字符串。
- 正文。在这个示例中，正文可以由多行文本组成，所以此处做了一些接受多行输入的处理。使用了一个循环结构：

```
for line in iter(input, ""):
    txt_mail+=line+"\n"
```

邮件编写完毕后，还要将各个字符串构造成电子邮件的格式。调用 MIMEText()函数需要指定三个参数，第一个为文本内容，第二个 plain 为文本格式，第三个 utf-8 为编码格式。执行 type(msg)命令，可以看出邮件 msg 是一个"email.mime.text.MIMEText"类型：

```
<class 'email.mime.text.MIMEText'>
```

一切准备妥当，就可以发送电子邮件了。smtplib.SMTP()函数返回发件人邮箱的服务器实例对象，它相当于邮局。需要为该函数传入两个参数：邮局的服务器地址（如 smtp.sina.com）和邮局服务器的端口号（默认为 25）。传入这两个参数时需要查询一下实际邮箱提供者的使用说明，根据实际填写。

有了邮局对象，就可以调用 login()函数登录邮箱，以及使用 sendmail()函数发送邮件了。发送完毕后需要使用 quit()方法将邮局对象关闭。

当需要发送邮件时，调用 mail()函数即可。如果发送成功，终端会返回文字"邮件已发送"。

运行程序，输入正确的收件人信息及邮件标题、正文，并输入空行。等待几秒钟，就会收到"邮件已发送"的反馈信息，如图 45.1 所示。

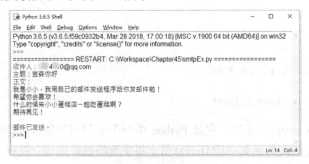

图45.1　发送邮件

由于这里的收件邮箱是 QQ 邮箱，不一会儿，就弹出了收到邮件的提示，如图 45.2 所示。

图45.2　收到邮件

如果在收件箱找不到小小发来的邮件，则有可能被邮局当成垃圾邮件整理到"垃圾箱"里了。认真编写邮件，可以降低发生这种情况的概率。

45.2　小小的近照：发送附件

吉森收到小小的邮件后很高兴，他还想看看小小的近照。小小想通过邮件发送一些文件，附加两个附件。可以发送附件的程序保存在 C:\Workspace\Chapter45\smtp_attach.py，代码如下：

```
#邮件附件
import smtplib
from email.mime.text import MIMEText
from email.mime.multipart import MIMEMultipart
from email.header import Header

sender = 'xiaoxiao@sina.com'      #发件人邮箱，请改成有效邮箱
senderPSW='19990909'              #发件人邮箱密码，请勿泄漏
receivers = ['jisenfellow@sina.com']  # 接收人邮箱，请改成有效邮箱

#创建一个带附件的邮件对象
msg = MIMEMultipart()
msg['From'] = Header(sender)
msg['To'] =  Header('吉森老伙计','utf-8')
subject = '我是小小'
msg['Subject'] = Header(subject,'utf-8')

#邮件正文内容
mail_body=MIMEText('亲爱的吉森你好，附件里是我的情况和图片。', 'plain', 'utf-8')
msg.attach(mail_body)

# 附件1，传送当前目录下的 me.txt 文件
att1 = MIMEText(open('me.txt', 'rb').read(), 'base64', 'utf-8')
att1["Content-Type"] = 'application/octet-stream'
```

```
# 这里的 filename 是附件的显示名称，可以任意修改
att1["Content-Disposition"] = 'attachment; filename="xiaoxiaoTXT"'
msg.attach(att1)

# 附件 2，传送当前目录下的 me.jpg 文件
att2 = MIMEText(open('me.jpg', 'rb').read(), 'base64', 'utf-8')
att2["Content-Type"] = 'application/octet-stream'
att2["Content-Disposition"] = 'attachment; filename="xiaoxiaoJPG"'
msg.attach(att2)

try:
    smtpObj = smtplib.SMTP('smtp.sina.com',25)   #请改成实际使用的邮件服务器
    smtpObj.login(sender,senderPSW)
    smtpObj.sendmail(sender, receivers, msg.as_string())
    print ("邮件发送成功")
except smtplib.SMTPException:
    print ("Error: 无法发送邮件")
```

代码首先引入 smtplib 邮件发送模块和 MIMEText、MIMEMultipart 及 Header 几个函数。其中 MIMEText 用于构造邮件正文，MIMEMultipart 用于构造邮件附件，Header 用于构造邮件头部。

接下来，依然是设置发件人邮箱和密码，在发送邮件时需要提供这些。当然，还要指定收件人邮箱地址。

然后创建一个 MIMEMultipart 对象 msg，这是一个可携带附件的邮件对象。使用 Header() 函数指定邮件的发送人 From 的显示文字，这里的文字要和发件人邮箱一致。使用 Header()函数指定接收人 To 的显示文字以及标题的显示文字。头部构造完毕。

下一步，使用 msg 对象的 attach()方法，将构建好的邮件正文 mail_body 附加到 msg。

接着，构造两个附件：一个是 att1，一个是 att2。这里仍然使用 MIMEText()函数将两个文件 me.txt 和 me.jpg 以 base64 的编码格式包装成 MIMEText 对象。注意，MIMEText(open ('me.txt', 'rb').read(), 'base64', 'utf-8')中的三个参数：

- 打开文件并读取得到的字节
- 字节编码格式：base64
- 显示时的编码格式：utf-8

构造完附件后，不要忘记使用 MIMEMultipart 对象 msg 的 attach()方法将附件添加到 msg 对象中。

邮件准备完毕后，就可以发送了。先使用 smtplib.SMTP('smtp.sina.com',25)创建一个 smtp

对象，名为 smtpObj。两个参数，一个是邮件发送服务器名，一个是邮件发送端口号。

这里使用 sina 的邮箱代发邮件，需要先使用发件人邮箱地址和密码登录，然后使用 sendmail() 方法发送邮件。三个参数分别是发件人、收件人和邮件。

运行程序，如果不出错误的话，几秒钟后会收到反馈信息，如图 45.3 所示。

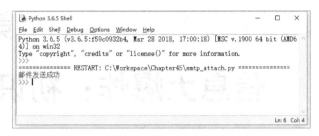

图45.3　发送带附件的邮件

登录接收方邮箱查看，这里测试用的收件箱是新浪邮箱，结果如图 45.4 所示。

图45.4　接收到了发来的附件

可以看到收到的邮件中有两个附件。

吉森收到小小的邮件可高兴啦！小小还发邮件告诉吉森，自己用了 Python 的 SMTP 邮件发送功能。SMTP 是"简单邮件传输协议"的英文缩写，也是发送邮件的标准协议。Python 提供了实现 SMTP 的模块 smtplib 以及其他一些用于构造邮件的方法。不久，小小就打造出了一款优秀的邮件发送程序了。

第 46 章
信息大爆炸：初识数据库

小小的蛋糕店办得越来越大，蛋糕店里有了店长、营业员、会计、厨师、采购员。这么多员工，小小自己都记不住。蛋糕的品种也越来越多，名称、价格和简介繁多，小小也没法都抄下来。对于小小来说，简直是信息大爆炸。更麻烦的是，这些员工和蛋糕的信息也并不是一成不变的。为了便于随时查询、增加和修改员工信息或蛋糕信息，小小使用了数据库。

46.1 什么是数据库

数据库是用来组织、存储和管理数据的仓库。和 Python IDLE 一样，数据库也是一种建立在计算机中的软件系统，其特点是可以长期保存和便捷管理数据。市场上有很多的数据库软件产品，小小为蛋糕店选择了一款可以免费使用的数据库系统——MySQL。

首先下载和安装 MySQL，官方下载地址为 https://www.mysql.com/downloads。在页面上找到 MySQL Community Edition(GPL) 的下载链接，单击进入 MySQL Community Downloads 页，如图 46.1 所示。

选择合适的 MySQL Community Server 版本下载。下载完成后得到一个形如 mysql-8.0.11-winx64.zip 的压缩文件，将该文件解压缩到本机目录即可。

MySQL 还提供了许多方便的开发工具，建议初学者下载一个 MySQL Workbench(GPL)。可以在同一个页面找到其下载链接，如图 46.2 所示。

第 46 章　信息大爆炸：初识数据库

图46.1　下载MySQL

图46.2　MySQL Workbench下载链接

下载 Windows (x86, 64-bit), MSI Installer，它是支持 MySQL 在 Windows 64 位环境下运行所需的环境。下载完运行。然后根据向导一步步安装即可。其安装过程不在本书讨论范围，在此从略。安装完成后运行 MySQL Workbench，如图 46.3 所示。

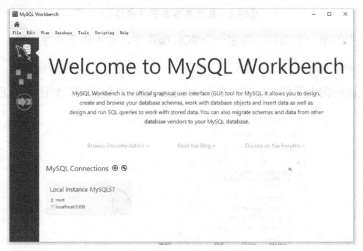

图46.3　Workbench启动界面

单击 Local instance MySQL57，即可启动该数据库实例。初次使用时，可能会要求你新建一个数据库实例，过程在此从略。

进入 Workbench 后，选择左侧菜单中 INSTANCE 下的 Startup/Shutdown 项，由此可以查看数据库服务器的运行情况，如图 46.4 所示。

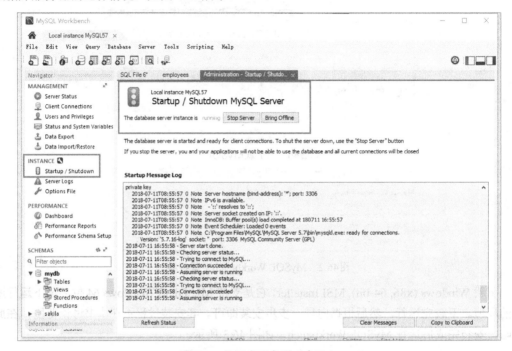

图46.4　数据库服务器正在运行

单击工具栏中的第一个图标，新建一个 SQL 编辑窗，输入以下命令：

```
create schema cake_shop
```

然后单击上面的闪电图标，创建一个名为 cake_shop 的数据库，如图 46.5 所示。

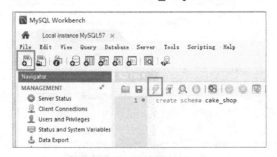

图46.5　创建数据库

刷新左侧导航栏即可看到 SCHEMAS 栏目下多了一个 cake_shop 数据库。双击 cake_shop 数据库名，它变成粗体，表示这是当前使用的数据库，如图 46.6 所示。

图46.6　当前数据库

46.2　挠痒痒：连接 MySQL 数据库

现在忘了 Workbench 吧！数据库创建以后，就可以使用我们熟悉的 Python 来操作它了。第一项任务就是将 Python 和 MySQL 数据库连接起来。创建一个 Python 文件，保存为 C:\Workspace\Chapter46\linkMySQL.py，然后输入以下代码：

```
#连接 MySQL 数据库示例

#引入必要模块
import pymysql

#创建数据库连接
db = pymysql.connect("localhost","root","root","cake_shop",charset='utf8' )
#创建一个游标对象 cursor
cursor = db.cursor()

#执行 SQL 语句
cursor.execute("SELECT VERSION()")

# 使用 fetchone() 方法获取单条数据.
data = cursor.fetchone()

print ("数据库版本: %s " % data)

# 关闭数据库连接
db.close()
```

解释一下代码。首先，引入一个专门处理 MySQL 数据库的模块 pymysql。

接下来使用 pymysql.connect()函数创建一个数据库连接，这很重要。创建数据库连接时需要提供几个参数：

- 数据库系统所在的主机名。这里 localhost 表示本地计算机。
- 数据库系统的登录名。这里根据小小同学的设定，为 root。
- 数据库系统的登录密码。这里根据小小同学的设定，密码也为 root。
- 要使用的数据库名。这里为之前创建好的数据库 cake_shop。
- 数据库使用的字符集。这里为 utf-8。

然后创建一个游标对象，命名为 cursor。可以把游标理解为 MySQL 数据库中的"指示牌"，它总是指向当前操作对象集合中的一个条目。

接着，使用游标 cursor 的 execute()方法执行一条 SQL 语句。SQL 是专用于操作数据库的程序语言。这里的 SQL 语句"SELECT VERSION()"表示查询数据库的版本。后面会碰到更多 SQL 语句。

使用 cursor 的 fetchone()方法获取执行结果中的一个条目，保存为 data 对象。

最后，使用 print()函数输出结果。

运行程序，结果如图 46.7 所示。

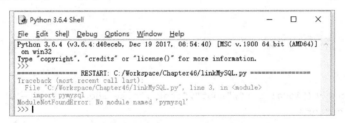

图46.7　结果提示缺少pymysql模块

出错了？别急，这是一个"模块未找到异常"。因为这里 Python 连接 MySQL 数据库所需的 pymysql 模块并没有默认安装。所以，我们首先要安装它。为简单起见，小小已经从网上下载了这个模块，保存在 C:\Workspace\Chapter46\ PyMySQL。如果愿意，你也可以在命令行使用命令

```
git clone https://github.com/PyMySQL/PyMySQL
```

来重新下载它。

从命令行进入 PyMySQL 目录，运行如下命令安装 PyMySQL 模块：

```
python setup.py install
```

结果可能如图 46.8 所示。

第 46 章 信息大爆炸：初识数据库

图46.8 结果提示缺少必要的组件

这里提示缺少一个组件 Microsoft Visual C++ 14.0。小小也为大家准备好了，保存在 C:\Workspace\Chapter46\Microsoft Visual C++ 14.0，请自行安装（在线安装，需要不少时间，请保持耐心）。

安装完成后再次在命令行界面运行 python setup.py install 命令，这次出现，"Finished processing…"提示，这表示安装成功了！如图46.9所示。

图46.9 成功安装pymysql模块

至此，所有的准备工作都做好了。再次运行 linkMySQL.py 程序，结果如图 46.10 所示。

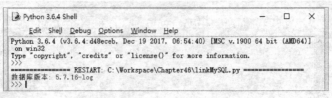

图46.10　成功显示了数据库版本

这一次，终于成功显示了数据库的版本号，说明 Python 程序成功连接了 MySQL 数据库。虽然获取数据库版本这件事就好像 Python 挠了一下 MySQL 的痒痒，但对小小来说还真不容易！现在，他已经迫不及待地想要向数据库中添加数据了。

第 47 章
聪明的 BOSS：数据库应用

小小已经在蛋糕店的计算机上布置好了 MySQL 数据库系统，现在他已经迫不及待地想要向自己的数据库中添加数据了。因为，聪明的 boss 都用数据库！

47.1 First of All：创建数据库

小小是个聪明的 boss，一直都用 Python 来解决问题，他打算将员工信息录入计算机。首先要做一件最根本的事情——建立一个数据库！

上一章我们使用 MySQL 的 Workbench 工具建立了一个 testdb 数据库，这只是为了做测试。作为 Python 的拥趸，小小是那种会一直使用 Workbench 的人吗？他只迷恋 Python。废话不多说，新建一个 Python 文件，命名为 myShop.py，保存到 C:\Workspace\Chapter47 文件夹下，并输入以下代码：

```
#创建数据库示例

import pymysql
#创建数据库连接
db = pymysql.connect("localhost","root","root")

#创建游标对象
cursor = db.cursor()
```

```
#创建数据库SQL
sql1="CREATE DATABASE IF NOT EXISTS `myshopdb`"
#sql2="DROP DATABASE IF EXISTS `myshopdb`"

#使用execute()方法执行SQL
try:
    cursor.execute(sql1)
    print("数据库创建成功")
except:
print("数据库创建失败")
raise

#关闭数据库连接
db.close()
```

首先，引入 pymysql 模块，然后创建数据库连接。注意，需要使用三个参数：主机名、用户名和密码。

接下来通过 db.cursor()方法创建游标对象 cursor，我们需要使用它的 execute()方法执行后续的操作。

这里，需要创建数据库，可以先准备好创建数据库的 SQL 语句字符串：

```
sql1="CREATE DATABASE IF NOT EXISTS `myshopdb`"
```

这里需要注意的是`myshopdb`两端的特殊符号(`)，该符号位于键盘数字键1左边的按键上。而 CREATE DATABASE IF NOT EXISTS 是标准的 SQL 语句，表示"如果数据库不存在则创建之"。

使用 cursor.execute()方法尝试执行刚才的 SQL 语句。最后关闭数据库连接，断开数据库。

运行程序，结果如图 47.1 所示。

图47.1　结果显示数据库创建成功（有警告）

因为程序调试多次,所以创建的数据库已经存在了,因此数据库系统发出警告,但这不影响使用。

打开 Workbench,检查一下,看看左边导航窗口中,SCHEMAS 栏中是不是已经有了一个 myshopdb 数据库?如图 47.2 所示。

图47.2 已经创建的数据库

哈哈!数据库已经有了,接下来可以往里面存放数据了吧?且慢,小小这种完美主义者,总觉得哪里看起来让人有点不舒服。

47.2 Drop:删除数据库

那个测试用的 testdb 数据库似乎没什么用途了,放在那里很讨厌!小小决定把它删掉。

很简单,将刚才创建数据库的 SQL 语句换成删除数据库的 SQL 语句,再把对应的 print 信息修改一下即可。为简单起见,把 createDB.py 复制一份,并改名为 dropDB.py,修改代码如下:

```
#删除数据库示例

import pymysql
#创建数据库连接
db = pymysql.connect("localhost","root","root")

#创建游标对象
cursor = db.cursor()

#删除数据库 SQL
sql2="DROP DATABASE IF EXISTS `testdb1`"

#使用 execute()方法执行 SQL
try:
```

```
    cursor.execute(sql2)
    print("数据库已不复存在")
except:
    print("数据库删除失败")
    raise

#关闭数据库连接
db.close()
```

代码中的"DROP DATABASE IF EXISTS \`testdb1\`"即为删除数据库的 SQL 语句，意为"如果指定数据库存在则删除之"。第一次执行时，因为数据库名写错，提出了警告。改正后再次运行，结果如图 47.3 所示。

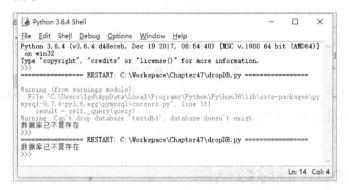

图 47.3　删除数据库成功

同样你可以去 Workbench 那里看看 testdb 是不是已经消失了。

特别注意一点，DROP 就是删除的意思，使用 DROP 命令时要小心谨慎，不要误删无辜！

现在，世界清静了，可以往数据库中添加数据了！

47.3　员工与蛋糕：创建数据表

显然，员工和蛋糕不太适合存储在一起。实际上，只有数据库还无法存储数据，还缺少一样重要的东西——数据表，简称表。创建表仍然可以使用专门的 SQL 语句来完成。小小一口气创建了两个表：employee（员工）表和 cake（蛋糕）表。

新建 Python 文件，命名为 createTable.py，代码如下：

```
#创建数据表示例

import pymysql
```

```python
#创建数据库连接
db = pymysql.connect("localhost","root","root",db="myshopdb",charset="utf8")

#创建游标对象
cursor = db.cursor()

#创建数据表SQL
sql3="""DROP TABLE IF EXISTS `employee`;
CREATE TABLE `employee` (
  `id` int(11) NOT NULL,
  `name` varchar(45) DEFAULT NULL,
  `sex` char(1) DEFAULT NULL,
  `enterdate` datetime DEFAULT NULL,
  `department` varchar(45) DEFAULT NULL,
  `others` varchar(45) DEFAULT NULL,
  PRIMARY KEY (`id`)
) ENGINE=InnoDB DEFAULT CHARSET=utf8;"""


#使用execute()方法执行SQL
try:
    cursor.execute(sql3)
    print("数据表创建成功")
except:
    print("数据表创建失败")
    raise

#关闭数据库连接
db.close()
```

引入 pymysql 模块后，首先还是创建数据库连接，只是这次有点不同：

```
db = pymysql.connect("localhost","root","root",db="myshopdb",charset="utf8")
```

参数中增加了 db="myshopdb"和 charset="utf8"，分别指明要使用的数据库为 myshopdb 以及使用的字符集为 utf-8。接下来，所有操作都针对 myshopdb 这个数据库。连接上数据库以后，就创建游标。

接下来是一段 SQL 语句。其实是两句。第一句"DROP TABLE IF EXISTS `employee`;"用于将已创建的 employee 表删除。第二句"CREATE TABLE…"创建 employee 表。两句之间用分号(;)隔开。

创建表的 SQL 语句解释如下：

SQL 语句	解　释
"CREATE TABLE \`employee\` (\`id\` int(11) NOT NULL, \`name\` varchar(45) DEFAULT NULL, \`sex\` char(1) DEFAULT NULL, \`enterdate\` datetime DEFAULT NULL, \`department\` varchar(45) DEFAULT NULL, \`others\` varchar(45) DEFAULT NULL, PRIMARY KEY (\`id\`))"	创建表 employee，表的字段如下： id ，整型，11 位，不能为空值。 name，varchar 型，45 字符，默认为空。 sex，char 型，1 字符，默认为空。 enterdate，datetime 型，默认为空。 department，varchar 型，45 字符，默认为空。 others，varchar 型，45 字符，默认为空。 将 id 字段设为主键

然后使用游标 cursor 的 execute()方法执行这两条 SQL 语句。执行完后别忘记关闭数据库连接。

运行程序，结果如图 47.4 所示。

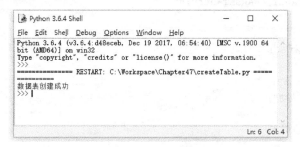

图47.4　数据表创建成功

在 Workbench 中展开数据库 myshopdb 下的 Tables 节点，可以看到创建好的 employee 表，如图 47.5 所示。

图47.5　在Workbench中查看创建的表

接下来，新建一个 Python 文件，保存为 structure.py。在其中执行一条新的 SQL 语句，来查看一下 employee 表的结构，代码如下：

```python
#SELECT 操作示例

import pymysql
#创建数据库连接
db = pymysql.connect("localhost","root","root",db="myshopdb",charset="utf8")

#创建游标对象
cursor = db.cursor()

#查询表结构 SQL
sql4="""SELECT
  COLUMN_NAME,
  COLUMN_TYPE,
  DATA_TYPE,
  CHARACTER_MAXIMUM_LENGTH,
  IS_NULLABLE,
  COLUMN_DEFAULT,
  COLUMN_COMMENT
FROM
 INFORMATION_SCHEMA.COLUMNS
where
table_name = 'employee'"""
try:
    cursor.execute(sql4)
    # 获取所有记录列表
    data = cursor.fetchall()
    #print(data)
    for field in data:
        # 打印结果
        print ("字段: ", field)
except:
    print("查询失败")
    raise

#关闭数据库连接
db.close()
```

大部分代码都和前面的代码一样，主要的不同在于 sql4 这条 SQL 语句。这是一条 SELECT 语句，它从数据库中查询表 employee 的结构信息，说明如下：

代 码	说 明

SELECT
  COLUMN_NAME,
  COLUMN_TYPE,
  DATA_TYPE,
  CHARACTER_MAXIMUM_LENGTH,
  IS_NULLABLE,
  COLUMN_DEFAULT,
  COLUMN_COMMENT
FROM
  INFORMATION_SCHEMA.COLUMNS
where
table_name = 'employee'
	SELECT 即查询之意
	列名，（列也称字段）
	列类型
	数据类型
	列长度
	可否为 NULL（NULL 即空的意思）
	列的默认值
	列备注
	从
	INFORMATION_SCHEMA.COLUMNS 数据集中查询
	在关键字 where 后面指明限定条件
	表名为 employee，表示查询的是 employee 表

运行程序，结果如图 47.6 所示。

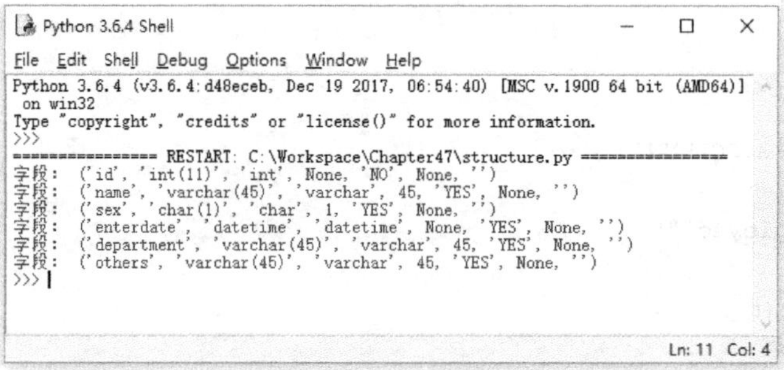

图47.6　查询数据表字段结构

47.4　添加第一个员工

数据表已经有了，它的结构也展示出来了，现在终于可以添加第一个员工的信息了，那就是小小自己。

新建一个 Python 文件，保存为 C:\Workspace\Chapter47\insertData.py，代码如下：

```
#SELECT 操作示例
import pymysql
#创建数据库连接
db = pymysql.connect("localhost","root","root",db="myshopdb",charset="utf8")
```

第47章 聪明的BOSS：数据库应用

```python
#创建游标对象
cursor = db.cursor()

#用户输入
while 1:
    print("=========添加员工==========")
    uid=int(input("员工id号："))
    nam=input("姓名：")
    sex=input("性别：")
    ent=input("入职日期（例:2016.01.24）：")
    dep=input("部门：")
    oth=input("备注：")
    val=(uid,nam,sex,ent,dep,oth)
    print("即将添加员工：",val)
    while 1:
        k=input("按【Enter】键继续，按【B】键重新输入，按【Q】键退出")
        if k in ('','b','B','q','Q'):
            break
    if k=='':
        break
    elif k=='b' or k=='B':
        continue
    else:
        import sys
        sys.exit()


#添加数据SQL
sql5="""INSERT INTO employee
(id,
name,
sex,
enterdate,
department,
others)
VALUES"""+str(val)
try:
    #执行SQL语句
    cursor.execute(sql5)
    #只有提交了写数据的操作，它才会执行
    db.commit()
    print("添加成功")
except:
```

【241】

```
        db.rollback()
        print("添加失败")
        raise

#关闭数据库连接
db.close()
```

连接数据库以及创建游标后，程序先提供了输入员工信息的途径。这些信息和数据表 employee 的字段是一一对应的。为简单起见，并没有考虑输入的有效性，所以如果输入信息不符合字段存储类型，可能会引起错误。

接下来使用"INSERT INTO …"语句向数据表中添加数据。可使用 print()语句输出 sql5 字符串，查看 SQL 语句的书写格式。

然后执行 SQL 语句。向数据库中写入的操作，包括插入、修改和删除，这些操作都需要使用 commit()方法提交后才能执行。执行若不成功，则需要使用 rollback()来执行回滚操作。

运行程序，结果如图 47.7 所示。

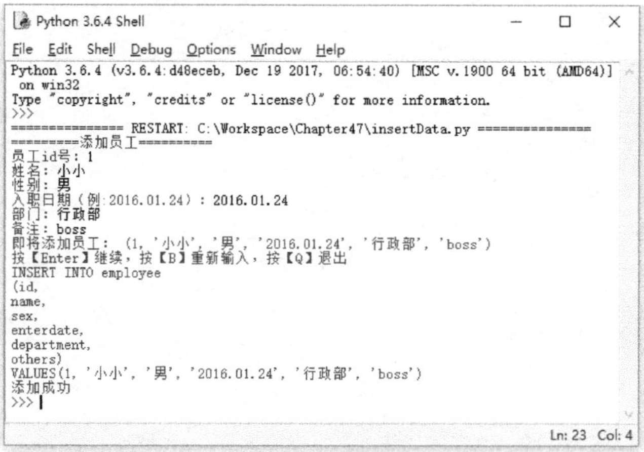

图47.7 添加数据

添加了员工信息以后，可以通过 SQL 语句查看结果。新建一个 Python 文件 otherOP.py，代码如下：

```
#SELECT 操作示例

import pymysql
#创建数据库连接
db = pymysql.connect("localhost","root","root",db="myshopdb",charset="utf8")
```

```python
#创建游标对象
cursor = db.cursor()

#SQL 查询
def selectAll():
    sql6="SELECT * FROM employee"
    try:
        #执行 SQL 语句
        cursor.execute(sql6)
        #显示查询结果
        print("查询结果：")
        data=cursor.fetchall()
        for row in data:
            print(row)
    except:
        print("查询失败")
        raise

def selectOne(uid):
    sql7="SELECT * FROM employee WHERE id= "+uid
    try:
        #执行 SQL 语句
        cursor.execute(sql7)
        #显示查询结果
        data=cursor.fetchall()
        for row in data:
            print(row)
    except:
        print("查询失败")
        raise

#修改
def modify():
    modiId=input("输入需要修改记录的 id 号：")
    selectOne(modiId)
    input("即将修改该条记录。")
    modiField=int(input("修改内容（【1】部门【2】备注）："))
    modiContent=input("修改为：")
    if modiField==1:
        field='department'
    elif modiField==2:
        field='others'
    sql8="UPDATE employee SET "+ field+" = '"+modiContent+"' WHERE id = "+modiId
```

```
    print(sql8)
    try:
        #执行SQL语句
        cursor.execute(sql8)
        db.commit()
        selectAll()
    except:
        db.rollback()
        raise

#删除
def delete():
    delId=input("输入需要删除记录的id号：")
    sql9="DELETE FROM employee WHERE id= "+delId
    selectOne(delId)
    confirm=input("即将删除该条记录（输入【Y】确定）：")
    if confirm=='Y':
        try:
            #执行SQL语句
            cursor.execute(sql9)
            db.commit()
            print("已删除，更新数据如下：")
            selectAll()
        except:
            db.rollback()
            raise

selectAll()
choose=int(input("选择操作（【1】修改；【2】删除）"))
if choose==1:
    modify()
elif choose==2:
    delete()

#关闭数据库连接
db.close()
print("数据库连接已关闭")
```

在程序中设计了查询、修改和删除三种操作，根据SQL语句的不同，可以执行不同的操作。

- SELECT：查询
- UPDATE：修改
- DELETE：删除

具体 SQL 语句的含义请参考 SQL 方面的资料，在此不做深入阐述。运行程序，结果如图 47.8 和图 47.9 所示。

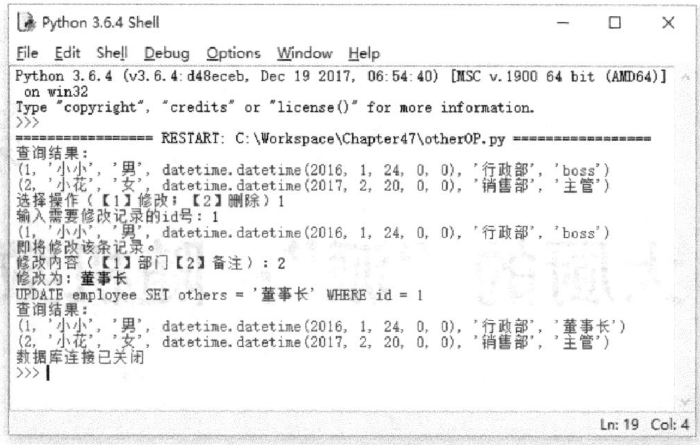

图47.8 修改记录

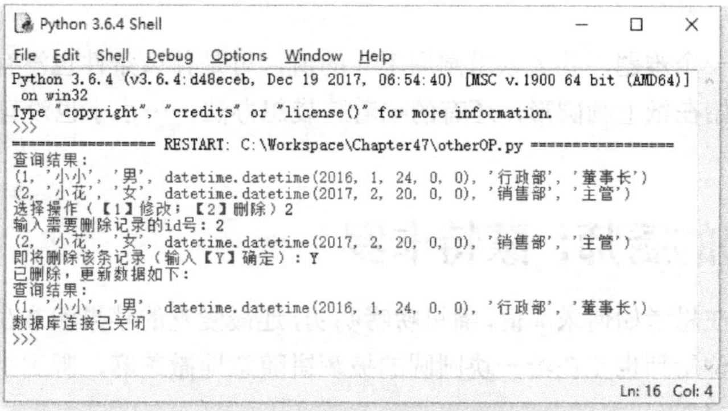

图47.9 删除记录

现在，小小可以使用 Python 来增加、删除、查询和修改员工数据了。可以想象，数据库的数据量会逐渐增大，但是哪怕小小的蛋糕店变成一个拥有几千几万员工的跨国公司，小小也能轻松应对了。这就是数据库的作用。

第 48 章
大厨的"派":随机数的应用

今天老师出了一个难题,要大家求圆周率 π 的值,可是什么条件也没有给。大家有的埋头背圆周率,有的开始在纸上画圆形,还有的拍着脑袋想办法……小小也没有什么好的主意。

48.1 神秘的厨师:蒙特卡罗

小小这几天都在思考如何求 π 值,嘴里唠唠叨叨,连最爱吃的苹果派拿在手上都忘记吃了。同时,厨房里的一位厨师也正在给一块圆圆的披萨饼随意地撒芝麻,听到小小的唠叨,厨师突然大叫:"我有办法!"

他拿出一个正方形的包装盒,可以正好把一整块圆圆的披萨放进去,就像图 48.1 那样。

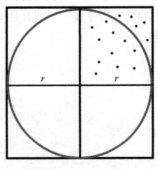

图48.1 盒装披萨

假设披萨的半径为 r，则盒子边长为 2r。那么，盒子面积为 $2r×2r=4r^2$，则这一整块披萨的面积就是 $πr^2$。披萨面积与盒子的面积之比就是 $πr^2:4r^2=π:4$。

小小睁大了眼睛听着，厨师继续说："如果我在披萨盒上空均匀地撒芝麻，芝麻就会随机地落在披萨上和盒子的其他地方，如果芝麻撒得足够多，铺满整个披萨和包装盒，那么落在披萨上的芝麻数量和处于整个方盒内的芝麻数量就可以近似地表示披萨的面积和盒子的面积！"

"嗯嗯嗯！"小小点着头，嘴巴已经张得老大合不拢了。厨师继续说："只要能数出落在披萨上的芝麻数和落在盒子里总共的芝麻数，它们的比就可以近似等于圆和方形面积的比，也就是 π:4。"说完，厨师微笑着抬起头，然后又继续低头撒芝麻去了。

小小半天才回过神来，他半信半疑地问旁边的店长："那位厨师是谁？"

"新来的面点师，叫蒙特·卡罗。"

"蒙特·卡罗……真傻，那么多芝麻怎么数得清？"

48.2 派和 π：蒙特卡罗法应用

新来的厨师令小小印象深刻，一连几天，小小脑子里都在"撒芝麻"。既然芝麻多得数也数不清，那是不是可以用计算机来帮忙呢？想着，小小打开计算机，创建了一个 Python 文件。把文件保存为 C:\Workspace\Chapter48\MonteCarlo.py，输入以下代码：

```
#蒙特卡罗法求 π
from random import random
from time import perf_counter
from math import sqrt

Points=int(input("输入点数 n（点越多结果越准确，计算时间也越长）："))
cnt = 0       #统计圆内的点数

#开始计时
start = perf_counter()   #perf_counter()返回计时器的精准时间
print("计算中，请稍候...")
for i in range(Points):
    x, y = random(), random()    #随机生成一个点，坐标均在[0,1)范围内
    #检查点是否落在 1/4 单位圆范围内
    dis = sqrt(x ** 2 +y ** 2)    #点到圆心的距离
    if dis <= 1.0:   #如果小于半径则点落在 1/4 圆内
        cnt += 1     #增加统计数

#计算 π
pi = 4*cnt/Points   #点数比=pi:4
print("{:.6f}".format(pi))   #输出 6 位小数
```

```
print("运行时间是：{:.6f}秒".format(perf_counter() - start))    #计算运行时间
```

该程序需要引入几个模块函数：random 中的 random()函数、time 中的 perf_counter()函数和 math 中的 sqrt()函数。

首先由用户输入需要产生的点数，相当于厨师撒的芝麻数。使用的点数越多，结果就越接近 π 值，当然计算所耗费的时间也越长。初始化函数 cnt，用于统计随机落在圆内的点数。为简化计算，使用 1/4 单位圆（半径为 1）和包围它的正方形（边张为 1）的面积比来计算 π 值，如图 48.1 所示。

先记录一下当前时间，作为计算开始的时间。接下来使用一个 for 循环统计落在 1/4 圆内的点的数量。变量 x 和 y 是[0,1]之间的随机数，组成点的坐标。变量 dis 为点到圆心的距离，如果 dis 小于等于 1，则计入圆内的点数。

最后，根据蒙特·卡罗的说法，圆内点数：方形内点数=pi:4，其中 pi 表示所求的 π。计算完毕后再次使用 perf_counter()函数获取当前准确时间，从而得出整个循环所耗费的时间。

运行程序，分别使用不同数量级的点数来计算 pi 值，结果如图 48.2 所示。

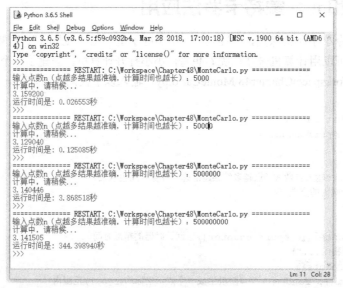

图48.2 蒙特卡罗法求 π 值

如果点数规模为 5×10^8，则计算时间约为 344 秒，即 8 分多钟（视计算机性能有所不同），使用这个点数计算出来的 π 值相对精确。

使用 Python 做完试验，小小心里更加佩服那位新来的厨师了，难道他真的是蒙特·卡罗？

第 49 章

欧几里得算法：辗转相除

学校要举办运动会，小小接到任务，要在操场上划出正方形的比赛区域。已知操场长 75 米，宽 60 米，要求划出的正方形区域面积和越大越好。一共可以划出多少个区域呢？

49.1 操场划分：最大公约数

牛牛说："最大能划出边长为 60 米的正方形，一共可以划 1 块！"说完，他把他的想法画在纸上，如图 49.1 所示。

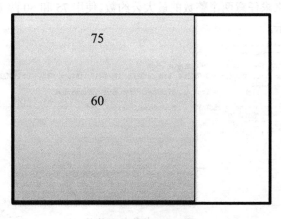

图 49.1 牛牛的划分

这样划分对不对呢？似乎浪费了不少地方呢！小小想起来老师刚教过的最大公约数问题。他想，如果正方形区域的边长既可以被75整除，又可以被60整除，那划出的正方形区域就可以铺满整个操场了，一点儿浪费都没有。想到这里，他打开Python IDLE，新建一个Python文件，保存为C:\Workspace\Chapter49\gcd.py，输入以下求最大公约数的代码：

```
def gcd(a,b):
    if a<b:
        a,b =b,a        #交换两个数，大数作为被除数，小数作为除数
    while b!=0:
        temp=a%b        #a/b 的余数
        a=b             #除数作为新一轮的被除数
        b=temp          #余数作为新一轮的除数
return a

#求两个数的最大公约数
a=int(input("输入第一个整数："))
b=int(input("输入第二个整数："))
print('%d 和 %d 的最大公约数为：' %(a,b),gcd(a,b))
```

这段程序使用了著名的"辗转相除法"。首先判断两个数中较大的数，让其作为被除数，较小的数作为除数，两数相除。

将两数相除的余数作为新一轮除法中的除数，刚才的除数作为新一轮中的被除数，再次相除，如此进行下去，直到余数为零，也就是新一轮的除数为零。

这时，在新一轮中作为被除数的数（也就是前一轮的除数），就是两个数的最大公约数。

从数学上说，大概就是 b 的因数，一定也是 $a \div b$ 的余数的因数。更详细的数学证明请咨询数学老师吧！

函数gcd()可以用来求任意两个整数的最大公约数。使用75和60两个参数调用gcd()函数，运行结果如图49.2所示。

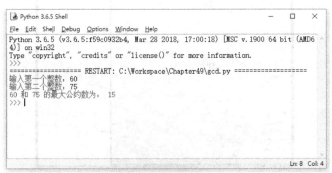

图49.2 求最大公约数

由程序结果可知，划分成边长为 15 米的正方形区域，可以使用最大的面积，如图 49.3 所示。

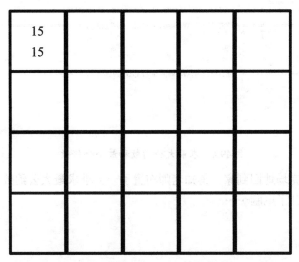

图49.3　使用边长为15米的正方形可以铺满整个操场

49.2　最小公倍数

辗转相除法又叫欧几里得算法，因古希腊数学家欧几里得在其著作"The Elements"中最早描述了这种算法而得名。现在使用计算机程序来实现该算法就更简单了，计算大数的最大公约数也不是难题。

求出了最大公约数，顺便也可以很容易地得出两数的最小公倍数，因为：

最小公倍数=两数乘积÷最大公约数

修改 gcd.py，添加一个求最小公倍数的函数 lcm()，定义如下：

```
def lcm(a,b):
    return a*b/gcd(a,b)       #最小公倍数即两数积除以最大公约数
```

再添加一行输出最小公倍数的语句：

```
print('%d 和 %d 的最小公倍数为： ' %(a,b),lcm(a,b))
```

运行程序，结果如图 49.4 所示。

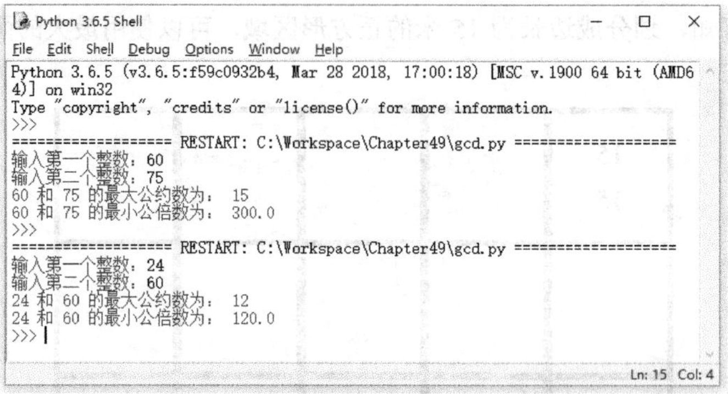

```
Python 3.6.5 Shell                                          —  □  ×
File Edit Shell Debug Options Window Help
Python 3.6.5 (v3.6.5:f59c0932b4, Mar 28 2018, 17:00:18) [MSC v.1900 64 bit (AMD6
4)] on win32
Type "copyright", "credits" or "license()" for more information.
>>>
================= RESTART: C:\Workspace\Chapter49\gcd.py =================
输入第一个整数：60
输入第二个整数：75
60 和 75 的最大公约数为： 15
60 和 75 的最小公倍数为： 300.0
>>>
================= RESTART: C:\Workspace\Chapter49\gcd.py =================
输入第一个整数：24
输入第二个整数：60
24 和 60 的最大公约数为： 12
24 和 60 的最小公倍数为： 120.0
>>>
```

图49.4　求最大公约数和最小公倍数

晚上小小刚划分完场地回到家，得知老师布置了一大堆求最大公约数和最小公倍数的作业题，他狡黠地笑着打开了电脑……

第 50 章
汉诺塔问题：递归的应用

相传古印度的大梵天创造世界的时候立了三根金刚石柱子，在一根柱子上从下往上按照大小顺序摞着 64 片黄金圆盘。大梵天命令婆罗门把圆盘按从大到小的顺序重新摆放在另一根柱子上。并且规定，在小圆盘上不能放大圆盘，在三根柱子之间一次只能移动一个圆盘。

50.1 简化的汉诺塔：三阶刚刚好

小小对这个古老的印度传说很感兴趣，他在纸上画上三个格子来表示三根柱子，又找来三枚不同大小的硬币，放在第一个格子里，如图 50.1 所示。

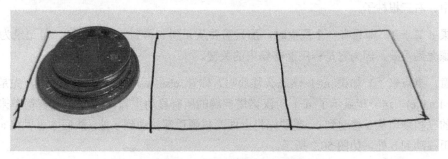

图50.1　三阶汉诺塔起始摆放

小小试着玩了几次，过程似乎并不是那么简单。于是他打开 Python IDLE，创建了一个程序来描述他的过程。将该程序保存到 C:\Workspace\Chapter50\hanoi.py，代码如下：

```
#汉诺塔问题
hanoi="""
  [|||]       ||          ||
  [ || ]      ||          ||
 [  ||  ]     ||          ||
========================
    a          b          c
"""
print(hanoi)

#移动步骤
def move(n, a, b, c):
    if(n == 1):
        print(a,"->",c)
    else:
        move(n-1, a, b, c)
        print(a,"->",b)
        move(n-1,c,b,a)
        print(b,"->",c)
        move(n-1,a,b,c)

#三阶汉诺塔
print("三阶汉诺塔移动步骤：")
move(3,"a","b","c")
```

　　从代码长度来看，这个问题似乎并不复杂。注释语句"#移动步骤"之前的部分只显示了一个三阶汉诺塔的示意图。后面才是主要功能。

　　在程序中定义了一个 move() 函数，该函数有 4 个参数：n 表示圆盘的层数，a、b、c 分别表示左、中、右三根柱子。

　　如果 n 等于 1，即只有一个圆盘时，那只需要从 a 到 b 再到 c 移动即可，可记录为 a→c。这一步骤尤为重要，因为它是程序能够结束的关键。

　　注意，重点来了！如果 n>1 该怎么移动呢？你看 else 后面的语句可以知道，先是调用了 move(n-1,a,b,c)，这一步显示了 n-1 阶汉诺塔问题的所有移动步骤，输出 a→b。简单来说，要将小小的三枚硬币从 a 移动到 c，需要先将上面两枚硬币都移动到 c 处，然后才可以将 a 处的最大的硬币移动到 b 处，如图 50.2 所示。

图50.2 二阶汉诺塔及后续移动步骤

仍以三阶汉诺塔为例。接下来,要将最大的硬币移动到右边 c 处,先要反向将两枚较小的硬币移回 a 处,如图 50.3 所示。代码为:

```
move(n-1,c,b,a)
```

然后就可以将最大的硬币移动到 c 处了:b→c。

图50.3 反向移动

最后,再把 2 枚较小的硬币从 a 处移动到 c 处,放到大硬币的上面,如图 50.4 所示。代码为:

```
move(n-1,a,b,c)
```

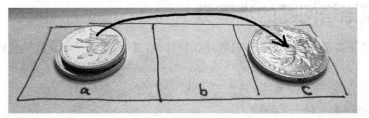

图50.4 三阶汉诺塔完成

至此,三阶汉诺塔问题已解决。慢着,给的问题是 n 阶汉诺塔呀?没错!三阶汉诺塔通过二阶汉诺塔解决,n 阶汉诺塔也可以通过 n-1 阶汉诺塔解决,而 n-1 阶汉诺塔又可以通过 n-1-1 阶汉诺塔解决……

这种函数调用自身的算法称为"递归"算法。在递归调用中,问题逐渐"降阶",最后达到问题结束的条件，如 $n=1$ 时。

现在，我们使用 move() 函数展示一下三阶汉诺塔的移动步骤吧。运行程序，结果如图 50.5 所示。

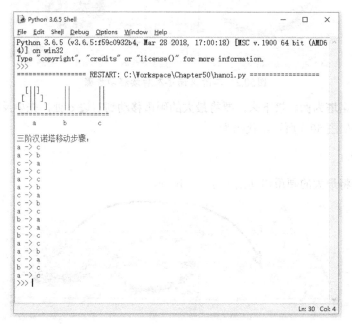

图50.5　三阶汉诺塔移动步骤

对照上面的步骤，试一下三枚硬币，看是不是按这个步骤移动！

50.2　汉诺塔问题的步骤数

三阶汉诺塔需要移动多少次呢？将程序稍作修改，加入记录移动次数的代码。修改后代码如下：

```
print(hanoi)

#移动步骤
def move(n, a, b, c):
    global i
    if(n == 1):
        i+=1
        print(i,a,"->",c)
    else:
        move(n-1, a, b, c)
        i+=1
        print(i,a,"->",b)
        move(n-1,c,b,a)
        i+=1
        print(i,b,"->",c)
        move(n-1,a,b,c)

#三阶汉诺塔
i=0
print("三阶汉诺塔移动步骤：")
move(3,"a","b","c")
```

在程序中增加了一个全局变量 i，用于记录移动的步骤。运行程序，结果如图 50.6 所示。

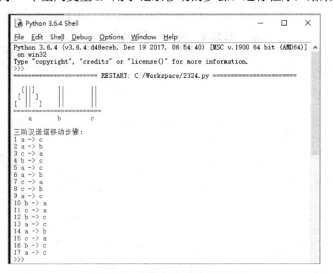

图50.6 三阶汉诺塔移动完成

由运行结果知道，三阶汉诺塔共需要 17 步才能完成。那么四阶汉诺塔需要多少步呢？可以运行如下函数试试看：

```
>>> move(4,'a','b','c')
```

运行结果显示，四阶汉诺塔需要 58 步！如图 50.7 所示。

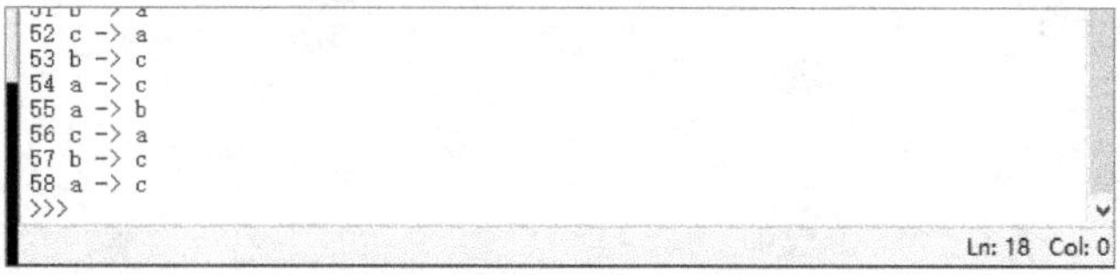

图50.7　四阶汉诺塔需要58步

更高阶的汉诺塔移动的步骤就更多了，比如古印度大梵天的 64 阶汉诺塔，估计婆罗门永远也完成不了。如果认为自己的计算机够快，可以自己试一试，反正小小在他的计算机上运行后，现在还是运行状态，如图 50.8 所示。（健康提示：可以按 Ctrl+C 组合键结束程序。）

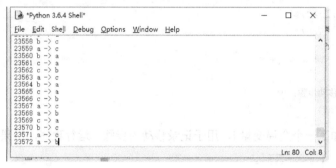

图50.8　64阶汉诺塔运行中

第 51 章
别针换摩托：迪杰特斯拉算法

班里来了个外国留学生，名叫小 D。有一天，他拿来一个漂亮的银色别针，说："我有一个漂亮的别针！"大伙都很羡慕。小 D 又说："谁有好的东西，我拿别针和他交换！"牛牛说："我用一张海洋世界的门票换你的别针！或者限量版明星海报也行，不过你得加点钱。"小花一听，说："哇！我早就想要这张海报了，我用我的变形金刚玩具和你换！不过你得加点钱。"小小一听，急忙说："哇！变形金刚！我用我的滑板交换！"小杰一听，说："我正要学习滑板技术！我愿意用我的电动小摩托和你换！不过你得加点钱。"……

51.1 交换大会：有向加权图

班上交换大会进行得如火如荼。老师在一旁把大家的诉求都记下来，画成了一张图，如图 51.1 所示。

图中的节点表示大家愿意拿来交换的物品，边都是有方向的，用箭头表示，边上的数字表示交换时额外需要加的钱。用别针换海报需要加 5 元，用海报换变形金刚玩具需要加 20 元……现在小 D 想要换到一辆摩托，采用哪种交换路径，使得花费的金额最少呢？

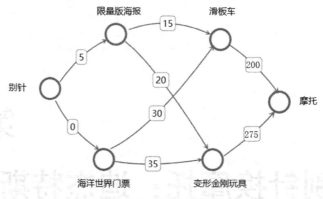

图51.1 物品交换图

这和前面讲过的最短路径问题中的图有两点不同：

- 每条边上都有额外需要的钱，小 D 把这叫作开销，也可以叫作权重。
- 每条边都是有方向的，只能沿着箭头方向进行交换。

这种图叫作有向加权图。有向加权图可以用一个字典来表示，元素为每个节点和它的邻居。每个节点本身也是一个字典，元素为其邻居和相应的开销。如下代码可以表示图 51.2 所示的节点关系：

```
graph={}                #有向加权图是一个字典
graph["别针"]={}         #节点"别针"也是一个字典
graph["别针"]["限量版海报"]=5    #"别针"的一个邻居，开销为 5
graph["别针"]["海洋世界门票"]=0       #别针的另一个邻居，开销为 0
```

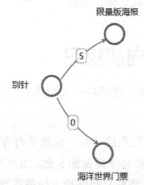

图51.2 节点"别针"也是一个字典

图 51.1 中的其余节点也可以如下表示：

```
#其余节点
```

```
graph["限量版海报"]={}
graph["限量版海报"]["滑板车"]=15
graph["限量版海报"]["变形金刚玩具"]=20

graph["海洋世界门票"]={}
graph["海洋世界门票"]["滑板车"]=30
graph["海洋世界门票"]["变形金刚玩具"]=35

graph["变形金刚玩具"]={}
graph["变形金刚玩具"]["摩托"]=275

graph["滑板车"]={}
graph["滑板车"]["摩托"]=200

graph["摩托"]={}      #终点节点，没有任何邻居
```

将上述代码保存为 C:\Workspace\Chapter51\D_graph.py，完成后，运行代码，我们看看输出。

```
>>> print(graph)
```

结果如图 51.3 所示。

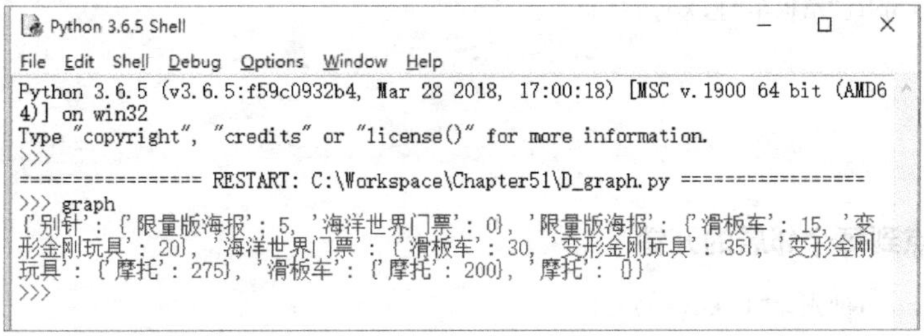

图51.3 加权有向图的表示

再来看看 graph 中的几个奥秘。

1. 所有节点

```
>>> for n in graph.keys():
 print(n)

别针
限量版海报
海洋世界门票
变形金刚玩具
滑板车
摩托
```

2. 所有节点和开销

```
>>> for n in graph.keys():
 print(graph[n])

{'限量版海报': 5, '海洋世界门票': 0}
{'滑板车': 15, '变形金刚玩具': 20}
{'滑板车': 30, '变形金刚玩具': 35}
{'摩托': 275}
{'摩托': 200}
{}
```

3. 某个节点的邻居

```
>>> for n in graph["别针"].keys():
 print(n)

限量版海报
海洋世界门票
>>> for n in graph["滑板车"].keys():
 print(n)

摩托
```

4. 某个节点到每个邻居的开销

```
>>> for n in graph["别针"].keys():
 print(graph["别针"][n])

5
0
```

这就是使用 Python 的数据结构——字典表示的物品交换图。理解了以上这几个奥妙，解决刚才问题的办法就有了。

51.2　小 D 的办法：最优路径

小 D 希望从起点"别针"开始，找到到达终点"摩托"的开销最小的路径。小 D 采取了这样一种方法，先在一张表格里把别针到达每个节点的开销和前向节点列出来，如表 51.1 所示。

第51章 别针换摩托：迪杰特斯拉算法

表 51.1 开销和前向节点表

节点	开销	前向节点
限量版海报	5	别针
海洋世界门票	0	别针
滑板车	未知	未知
变形金刚玩具	未知	未知
摩托	未知	未知

对于不能直接换到手的东西，都属于未知数。在今后的步骤中，随着交换的进行，这张表中的"未知"将逐渐变为已知。除此之外，还需要记录交换进行的路径，通过节点和节点的前向节点表示。

开始交换时，每次都选择开销最少的物品进行交换。首先用别针换海洋世界门票，开销最小，为零。将海洋世界门票换到手以后，以当前手头的物品为中心，可以更新开销和前向节点表，如表 51.2 所示。

表 51.2 第 1 次更新开销和前向节点表

节点	开销	前向节点
限量版海报	5	别针
海洋世界门票	0	别针
滑板车	30	海洋世界门票
变形金刚玩具	35	海洋世界门票
摩托	未知	未知

可以看出，别针→海洋世界门票→滑板车，走这条交换路径共需要花费 0+30=30 元。而别针→海洋世界门票→变形金刚玩具，走这条路径共需要花费 0+35=35 元。

继续交换，再次从"开销"列中找到最小值——5，使用它可以换到限量版海报，然后再次更新表，如表 51.3 所示。

表 51.3 第 2 次更新开销和前向节点表

节点	开销	前向节点
限量版海报	5	别针
海洋世界门票	0	别针
滑板车	20	限量版海报
变形金刚玩具	25	限量版海报
摩托	未知	未知

可以看出，走别针→限量版海报→滑板车这条路径，共需花费 5+15=20 元，比走别针→海洋世界门票→滑板车这条路径花销少。而走别针→限量版海报→变形金刚玩具这条路径，共需花费 5+20=25 元，比走别针→海洋世界门票→变形金刚玩具这条路径便宜。综合表 51.2 和表 51.3，我们发现，目前开销最小的是别针→海洋世界门票→滑板车这条交换路径，共需要花费 20 元。

继续交换，用滑板车去换摩托，开销会增加 200 元。再次更新表，结果如表 51.4 所示。

表 51.4　第 3 次更新开销和前向节点表

节点	开销	前向节点
限量版海报	5	别针
海洋世界门票	0	别针
滑板车	20	限量版海报
变形金刚玩具	25	限量版海报
摩托	220	滑板车

终于交换到摩托了，路径是别针→海洋世界门票→滑板车→摩托，共花费 20+200=220 元。还需要考虑使用变形金刚玩具交换摩托的花费，即走别针→限量版海报→变形金刚玩具→摩托这条路径，共需花费 25+275=300 元。

通过比较小 D 发现，别针→海洋世界门票→滑板车→摩托是最优路径，只要额外花 220 元，就可以拿别针换到摩托！这真是一桩划算的交易！

51.3　"换"梦成真：最优路径算法

小 D 的方法可以用 Python 程序来模拟，这样就可以实现更宏伟的交换目标了。新建一个 Python 文件，保存为 C:\Workspace\Chapter51\dijkstra.py，然后定义一个函数：

```python
#找到最低开销节点
def find_best_node(costs):
    lowest_cost = float("inf")        #将最低开销初始化为正无穷大
    best_node = None                  #将最低开销节点初始化为None
    for node in costs:                #遍历所有节点
        cost = costs[node]            #取出节点的开销
        if cost < lowest_cost and node not in processed:#如果当前节点开销更低并且未处理过
            lowest_cost = cost        #就将当前节点开销视为最低开销
            best_node = node          #将当前节点视为最低开销节点
    return best_node
```

参数 costs 是一个字典，用来维护所有节点以及到达该节点的总开销。函数 find_best_node() 用于从当前的开销表 costs 中找出能到达的开销最小的节点，并将其作为最优节点。初始时将开销 lowest_cost 设定为正无穷大，由于最优节点未知，所以设为 None。

然后遍历所有节点，通过比较，找出当前开销最小的节点，将它赋给 best_node。最后得到当前 costs 字典中的最优节点。

接下来，创建几个结构，分别用来维护当前开销、父节点和已处理节点。代码如下：

```
#引入加权图 graph
from D_graph import graph

#用于记录已处理节点的列表
processed=[]

#起点
infinity=float("inf")
costs={}
costs["别针"]=0
costs["海洋世界门票"]= infinity
costs["限量版海报"]= infinity
costs["滑板车"]=infinity
costs["变形金刚玩具"]=infinity
costs["摩托"]=infinity

#父节点
parents={}
```

首先，引入在 D_graph.py 中定义的图 graph。接着定义一个列表 processed，用于记录已处理过的节点。

然后，建立开销表 costs，数据结构为字典。开始交换前，节点"别针"的总开销为 0，其余节点开销都为无穷大。再定义一个记录父节点的字典，开始时没有元素。

接下来就可以求最优路径了。代码如下：

```
#求最优路径
current_node=find_best_neighbor(costs)           #从开销表中找出开销最低的节点作为当前节点
while current_node is not None:                   #如果找不出开销最低节点则结束循环
    cost = costs[current_node]                    #到达当前节点的总开销
    neighbors = graph[current_node]               #取出图中开销最低节点的所有邻居（包含开销）
    print("当前节点: ",current_node,", 总开销: ",cost)
    for neighbor in neighbors.keys():             #遍历当前节点的所有邻居
        new_cost = cost + neighbors[neighbor]     #新的开销=当前总开销+此邻居的开销
```

```
        if new_cost < costs[neighbor]:        #如果经当前节点前往邻居的开销更小
            costs[neighbor] = new_cost        #就更新该邻居的开销
            parents[neighbor] = current_node  #同时将当前节点设为该邻居的父节点
    processed.append(current_node)            #将当前节点标记为已处理
    current_node = find_best_neighbor(costs)  #继续处理后续节点
print("最低开销为: ",cost)
print(parents)
```

首先，调用 find_best_node() 函数得到一个待处理的当前节点，它是从 costs 表中挑出来的最优节点。然后求出从起点到当前节点的总开销，以及当前节点的邻居。如果经当前节点前往某个邻居的总开销比开销表中已知的到达该邻居的最低总开销更小，则更新 costs 表中到该邻居的总开销。同时，将当前节点设为该邻居的父节点。

处理完当前节点后，将它添加到已处理列表中，然后继续处理后续节点。

最后，输出最低开销和父节点表。

运行程序，结果如图 51.4 所示。

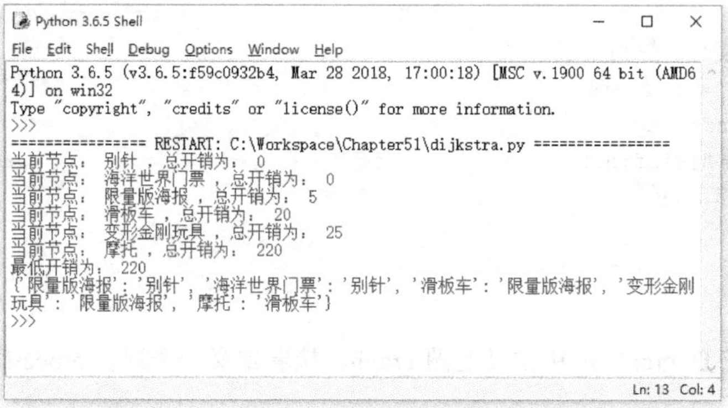

图51.4　最优路径结果

最后打印出来的是父节点字典：从后往前看，摩托的父节点为滑板车，滑板车的父节点为限量版海报，而限量版海报的父节点为别针，即最优路径为别针→限量版海报→滑板车→摩托。

第二天小小问骑着摩托来上学的小 D："你全名叫什么？"

"Dijkstra，迪杰特斯拉。"

第 52 章
验证哥德巴赫猜想：并行计算

在数学课上，老师给大家进了一个故事：克里斯蒂安·哥德巴赫是德国的大数学家，他发现任取一个奇数，比如 79，可以把它写成三个素数之和，例如 79=53+19+7；又比如 463=257+199+7。例子太多了，于是他猜测："任何大于 5 的奇数都是三个素数之和。"但他自己没法证明。于是，1742 年 6 月 7 日，哥德巴赫写信给他的好友——大数学家欧拉，提出了他的猜想。

欧拉琢磨了很久，于 1742 年 6 月 30 日给哥德巴赫回信，说这个命题看来是正确的，但是他也给不出严格的证明。同时欧拉又提出一个命题："任何一个大于 2 的偶数都是两个素数之和。"但是这个命题他也没能给予证明。这两个命题被看作著名的"哥德巴赫猜想"的两个版本——奇数版和偶数版。

52.1 什么是哥德巴赫猜想

听了老师讲的故事，小小对哥德巴赫猜想产生了兴趣。他想知道欧拉的命题到底是不是正确的。虽然欧拉也没能证明，但是现在计算机运算速度这么快，能不能用计算机来试试看呢？

首先，将欧拉的偶数版哥德巴赫猜想用 Python 程序表示出来。打开 Python IDLE，新建一个 Python 文件，保存为 C:\Workspace\Chapter52\Goldbach.py，输入以下代码：

```
#验证大于 2 的偶数可以分解为两个质数之和
```

```
def goldbach(T):
# T 为列表,第一个元素为区间起点,第二个元素为区间终点
    S = T[0]
    E = T[1]
    if S < 4:         #若不是大于 2 的偶数
        S = 4         #设为大于 2 的最小偶数
    if S % 2 == 1:            #除以 2 余数为 1 的是奇数
        S += 1                #奇数+1 为偶数
    for i in range(S, E + 1, 2):      #遍历区间内所有偶数
        isGoldbach = False
        for j in range(i // 2 + 1): # 表示成两个素数的和,其中一个不大于 i/2
            if isPrime(j):
                k = i - j
                if isPrime(k):
                    isGoldbach = True
                    if i % ((E-S)//10)== 0: # 按间隔输出样例
                        print('%d=%d+%d' % (i, j, k))
                    break
        if not isGoldbach:   # 打印这句话表示算法失败
            print('哥德巴赫猜想失败!')
            break
```

goldbach()函数接受一个参数 T,该参数为一个记录整数区间的列表,由两个元素组成:T[0]为区间的起点,T[1]为区间的终点。由于哥德巴赫猜想指出是大于 2 的偶数,即最小为 4,所以当起点为 4 以下的整数时,把区间起点更正为 4。另外,如果区间起点为奇数,则将其更正为其后的偶数。

接着遍历区间内的所有偶数,判断是否符合哥德巴赫猜想。

首先初始化一个布尔变量 isGoldbach=False,对于任意偶数 i,如果 i 等于两个数相加,那么必定有一个数小于 i/2。只需检查每一个小于 i/2 的数,找到一个素数 j 和另一个数 k=i-j,如果 j 是素数,k 也是素数,那么 i=j+k,其中 j 和 k 都是素数,这就满足哥德巴赫猜想,这时将 isGoldbach 设为 True。

如果发现有一个偶数不满足哥德巴赫猜想,则输出"哥德巴赫猜想失败!"

在代码中,通过调用 isPrime()函数来判断一个数是否是素数。需要在 goldbach()函数之前定义 isPrime()函数,代码如下:

```
# 判断一个数是否为素数
def isPrime(n):
    if n <= 1:
        return False
```

```
    for i in range(2, int(math.sqrt(n)) + 1):
        if n % i == 0:
            return False
    return True
```

对于大于 1 的数，如果它除以 2 到它的平方根之间的数，都除不尽，它就是个素数。

运行程序，输入测试数据，结果如图 52.1 所示。

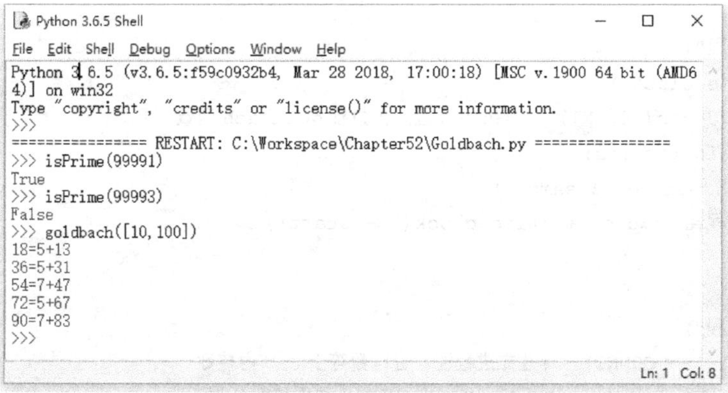

```
>>> isPrime(99991)
True
>>> isPrime(99993)
False
>>> goldbach([10,100])
18=5+13
36=5+31
54=7+47
72=5+67
90=7+83
>>>
```

图52.1　简单验证哥德巴赫猜想

示例输出了 5 个样例，并验证了 10~100 之间所有偶数都满足哥德巴赫猜想。但是更大的数是否也满足哥德巴赫猜想呢？

52.2　充分利用 CPU：并行计算

为了验证更大的数也满足哥德巴赫猜想，新建一个 Python 文件，保存为 C:\Workspace\Chapter52\testGoldbach.py，代码如下：

```
#多进程验证哥德巴赫猜想
import time
from multiprocessing import cpu_count
from multiprocessing import Pool
from Goldbach import goldbach

#把数字空间划分为N段，分段数为内核数
def subRanges(N, CPU_COUNT):
    list = [[i + 1, i + N // CPU_COUNT] for i in range(4, N, N // CPU_COUNT)]
    list[0][0] = 4
    if list[CPU_COUNT - 1][1] > N:
```

```
        list[CPU_COUNT - 1][1] = N
    return list

def main():
    N = 10**6          #根据计算机性能调整
    CPU_COUNT = cpu_count()    #获取 CPU 内核数

#单进程测试
    print("单进程")
    start = time.clock()
    results=goldbach([4, N])    #在 4~N 区间内执行 goldbach 函数
    for sample in results:
        print('%d=%d+%d' % sample)
    print('单进程耗时:%d s' % (time.clock() - start))


#多进程测试
    print("多进程")
    pool = Pool(CPU_COUNT)       #建立进程池，进程数等于 CPU 内核数
    sepList = subRanges(N, CPU_COUNT)    #将数 N 按内核数分割
    start = time.clock()
    results=pool.map(goldbach, sepList)    #并行迭代 goldbach 函数
    pool.close()        #关闭进程池
    pool.join()         #等待所有进程结束
    for result in results:
        for sample in result:
            print('%d=%d+%d' % sample)
print('多进程耗时:%d s' % (time.clock() - start))

if __name__ == '__main__':
    main()
```

该段程序利用多个 CPU 内核来并行执行 goldbach 函数。需要引入 multiprocessing 模块，该模块用于处理多进程问题。

首先，把数字空间按 CPU 内核数进行划分，例如使用 8 核 CPU，则可以将数字空间划分为 8 段，然后分别交给 8 个内核并行处理。subRanges()函数用于将数字空间进行划分，划分结果以列表存储。结果列表的每个元素为一个表示区间的子列表。例如，[10,100]表示一个从 10 到 100 的整数区域。

然后使用单进程验证哥德巴赫猜想。这里验证 10^6 以内的所有偶数。为了对比性能，使用

time.clock()函数记录执行时长。

接下来使用多进程进行验证。先使用 cpu_clock()函数返回系统 CPU 的内核数,然后使用 Pool()函数建立进程池,池中进程数等于 CPU 内核数。

接着使用 Pool 类的 map()函数并行执行 goldbach 函数。完成后关闭进程池。同样,记录执行时间。

由于在子进程中运行的程序无法直接使用 print()函数输出信息,所以在 goldbach()函数中使用一个变量将需要输出的结果返回到调用进程中。然后通过 map()函数的返回值将结果打印出来。为此,需要修改 goldbach()函数,修改后代码如下:

```python
#验证大于 2 的偶数可以分解为两个质数之和
def goldbach(T):
# T 为列表,第一个元素为区间起点,第二个元素为区间终点
    S = T[0]
    E = T[1]
    sample=[]         #用于返回样例
    if S < 4:         #若不是大于 2 的偶数
        S = 4         #设为大于 2 的最小偶数
    if S % 2 == 1:            #除以 2 余数为 1 的是奇数
        S += 1        #奇数+1 为偶数
    for i in range(S, E + 1, 2):     #遍历区间内所有偶数
        isGoldbach = False
        for j in range(i // 2 + 1): # 表示成两个素数的和,其中一个不大于 i/2
            if isPrime(j):
                k = i - j
                if isPrime(k):
                    isGoldbach = True
                    if i % 100000 == 0:  # 每隔 10 万输出样例
                        sample.append((i,j,k))
                    break
        if not isGoldbach:
            #如果打印这句话表示算法失败或欧拉错了
            sample.append('哥德巴赫猜想失败!')
            break
    return sample
```

运行程序,结果如图 52.2 所示。

图52.2 使用多进程并行验证哥德巴赫猜想

从结果可以看出,对于 10^6 的数值空间,在 8 核 CPU 上使用单进程执行需要 28s,而使用多进程并行执行仅需要 8s,大大缩短了执行时间。

小小终于体会到多核处理器并行计算的厉害之处了!

第 53 章
小小旅行家：贪心算法

小小想利用假期做一次环球旅行。他打算前往 5 个不同的国家：俄罗斯、法国、德国、美国和加拿大。他想要以最短的飞机航班时间走完所有 5 个国家，为此他必须狠狠地做一把"功课"，计算所有可能的路径。

53.1 旅行商问题

为简化问题，假设小小可以选择从任意国家开始旅行。先考虑两个国家的行程，比如俄罗斯和法国。他发现从俄罗斯到法国的航班和从法国到俄罗斯的航班飞行时长并不一样，所以从俄罗斯到法国和从法国到俄罗斯其实应该算作两条不同的路径，如图 53.1 所示。

图53.1 旅行两个国家可选路径有两条

小小做了第一条笔记：2 个国家，2 条路径。

如果行程单中增加一个"加拿大"，那么可选的路径有多少条呢？小小画下所有可能的路径，如图 53.2 所示。

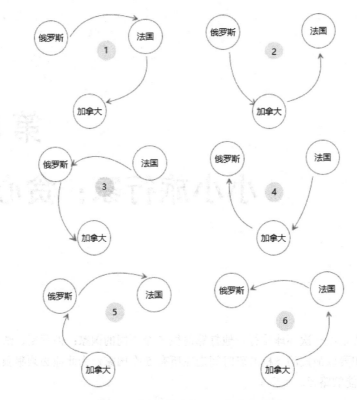

图53.2 旅行3个国家，可能路径有6条

小小做了第二条笔记：3个国家，6条路径。

再往行程单中添加一个国家，一共4个国家时，小小这样考虑：选择4个国家中任意一个国家作为起点，那么旅行剩下其余3个国家的可选路线为已知（一共有6条）。所以，小小做了第三条笔记：4个国家，4×6=24条，即4！（4的阶乘）。

小小发现了规律，每增加一个国家，可能的路径数都是在原来的基础上乘以国家的数量。因此，旅行5个国家，可能的路径有：5!=120条。

假设小小还想再增加一个目的地，那么旅行6个国家的可能路径有：6!=720条路径。7个国家时，可能的路径为7!=5040条，8个国家时，路径为8!=40 320条。什么，还不算多？旅行10个国家时，需要考虑10!=3 628 800种可能的路径。太可怕了！当目的地数量增加时，可能的路线数增速惊人——这是一个阶乘函数。

不用多想，当旅行目的地很多时，根本不可能——比较可能的路径，也就是无法知道确切的最短路径。这种问题被称为旅行商问题，简称TSP。

53.2 环球旅行：贪心算法

小小觉得人生苦短，假期珍贵，他想要将更多的国家添加到自己的环球旅行行程单上。正如前面讲的，这是一个 TSP 问题——要想精确找到一个最短路径，需要计算超级多的路径。假设每秒计算 100 条路径，则当国家数为 10 个时，就需要计算 10 多个小时，当国家数为 32 个时需要计算 8×10^{25} 年！小小吓得半天说不出话。

有没有简单的办法呢？有。贪心算法可以解决这个问题。贪心算法是一种求近似解的方法，虽然结果不精确，但是胜在求解速度很快。打开 Python IDLE，新建一个文件，保存为 C:\Workspace\Chapter53\TSPGreedy.py。代码如下：

```python
#城市集合
cities={0:'莫斯科',1:'巴黎',2:'柏林',3:'华盛顿',4:'温哥华'}

#距离表
LONG=100      #用于表达很长的时间
#各城市之间的距离，用飞行时间表示：D[i][j]表示从 i 到 j 的飞行时间，本地距离设为 LONG
D=[[LONG,4,3,4,15],
   [3.5,LONG,3.5,8.5,10],
   [2.5,2,LONG,12,14],
   [9.5,7.5,13,LONG,8.5],
   [19,12,13.5,8,LONG]]

#选择出发城市
for k in cities.keys():
    print(k,cities[k])
start=int(input("请选择出发城市："))
print('从',cities[start],'出发')

#初始化
currentMinDistance=LONG        #当前行内最小值
currentBestCityId=start        #当前最优城市 id
sumDistance=0                  #当前累计距离
bestCityId=[start,]            #当前入选城市 id

#从起点开始遍历所有城市
for i in range(len(cities)-1):            #遍历行
    #print('-----------------------------------------当前行',currentBestCityId)
    currentMinDistance=LONG
    for col in cities.keys():             #在每行内遍历列
        if col not in bestCityId:         #如果城市 col 还未入选，则
            #print("当前列",col,D[currentBestCityId][col])
```

```
            if D[currentBestCityId][col]<currentMinDistance:  #比较：如果某距离比当前最小距离更小
                currentMinDistance=D[currentBestCityId][col]    #则更新当前最小距离
                nextBestCityId=col
                #print('currentMinDistance',currentMinDistance)
    currentBestCityId=nextBestCityId                 #更新当前最优城市
    sumDistance+=currentMinDistance         #累计时间

    bestCityId.append(currentBestCityId)           #一行比较完后添加最优城市

#输出路径
for i in bestCityId:
    print(cities[i],end='->')
print('共需',sumDistance,'小时')

input()           #屏幕暂停，用于 cmd 界面运行时
```

代码比之前多了一点，不过注释也很多。这里简单介绍一下。

首先，准备一些要旅游的城市，用一个字典保存起来。字典的 key 假设是城市的编号，从 0 到 4，一共 5 个城市。

在说明下面的代码之前，先做一项对理解程序很重要的工作：把这些城市之间的距离按顺序列在表 53.1 中。这里用飞行时长来衡量距离，其中 infinity 表示从城市自身飞到自身的时间，为无穷大。当然，你也可以调查一下具体的里程。

表 53.1　城市间距离表

	0 莫斯科	1 巴黎	2 柏林	3 华盛顿	4 温哥华
0 莫斯科	infinity	4	3	4	15
1 巴黎	3.5	infinity	3.5	8.5	10
2 柏林	2.5	2	infinity	12	14
3 华盛顿	9.5	7.5	13	infinity	8.5
4 温哥华	19	12	13.5	8	infinity

接下来，参照表 53.1，将这些距离用一个二维列表 D 保存下来。为简单起见，将无穷大用一个比其他值都大的数来表示即可，在代码中使用 LONG=100 来表示。这样，列表 D 的第 i 行、第 j 列上的数据 D[i][j]就可以表示城市 i 到城市 j 的飞行时长。

准备好城市和城市间的距离列表以后，就可以开始旅行了。首先，任意选一个城市作为起点。选好以后进行一系列的初始化工作，需要初始化 4 个变量：

- 当前行内最小值 currentMinDistance。

- 当前最优城市的编号 currentBestCityId，初始时为起点的编号。
- 当前累计的距离 sumDistance，初始时为 0。
- 当前入选最优路径中的城市 id 列表 bestCityId，初始时只有起点的编号。

接下来开始遍历所有城市。注意，对于 5 个城市，选定起点以后，就只需要再选择 4 个下一个城市即可，所以最外层 for 循环只循环 4 次。

每轮循环需要从当前行中找到最小值。这个最小值被初始化为 LONG，经过一轮遍历后，将最小值更新为实际的最小值。

例如，从柏林出发，遍历行内的所有列，这里要除去已经添加到 bestCityId 中的元素。经过比较，最小距离 currentMinDistance 不断更新，同时最小距离对应的列即为最优的下一站，暂时保存到 nextBestCityId 变量。一轮比较结束后，将柏林这一行中能去的最优城市巴黎的 id 记录到 currentBestCityId，同时，将最小距离累加到总时间 sumDistance 上。还需要将最优的下一站添加到 bestCityId 列表中。

在新一轮循环中，将考察巴黎所在行里，巴黎到各城市的距离，并得到最小值，及新的下一站，以此类推。

最后，输出 bestCityId 中城市 id 所对应的城市名称即可。

运行程序，结果如图 53.3 所示。

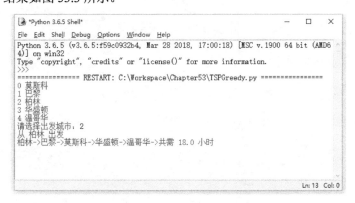

图53.3 一个可行的旅行方案

我们来分析一下这个结果。

第（1）步，从柏林到巴黎的时间最短，为 2 小时。

第（2）步，从巴黎到莫斯科的时间最短，为 3.5 小时，同时柏林和巴黎是已经到过的城市。

第（3）步，从莫斯科到华盛顿的时间最短，为 4 小时，同时柏林、巴黎和莫斯科是已经到过的城市。

第（4）步，从华盛顿到温哥华，没有其他未到达的城市了。

整个步骤如图53.4所示。

	0 莫斯科	1 巴黎	2 柏林	3 华盛顿	4 温哥华
0 莫斯科	infinity	4	9	(3) 4	15
1 巴黎	(2) 3.5	infinity	3.5	8.5	10
2 柏林	2.5	(1) 2	infinity	12	14
3 华盛顿	9.5	7.5	13	infinity	(4) 8.5
4 温哥华	19	12	13.5	8	infinity

图53.4　计算步骤

由此可以看出，这只是一个局部最优解，并不一定是最优的方案，但总比没有方案强，而且得到这个方案很快。对于小小这个贪婪的旅行家来说，这就够了！

第 54 章
电影分类和猜蛋糕：KNN 算法

现在的电影真是越来越看不懂了。小小、牛牛、小花和小 D 今天一起看了一部新上映的电影，叫《什么电影》。看完大伙争论起来，小小说这是一部奇幻片，也算是个故事片吧；牛牛说这电影太搞笑了，是部喜剧片；小花说好恐怖，简直是个恐怖片；小 D 摇头晃脑还在分析电影情节，他说太费脑子了，是部悬疑片……

54.1 你会看电影吗？特征抽取

这到底是部什么电影呢？小小回家想了半天也没有结论。不过作为一个资深电影迷，小小觉得自己对电影的特征归纳得还是不错的，他决定用下面的方法来解决这个问题。

首先，他把电影里出现的几种特征都列在表格里面，按 0~5 打分，出现最多的打 5 分，反之出现最少的打 0 分，如表 54.1 所示。

表 54.1 电影特征打分

搞笑成分	武打片段	街头飞车	夜间片段	大团圆结局
2	1	5	2	1

接下来，小小又费了九牛二虎之力，找到几部类似的电影，它们都具有以上五项特征。小小把这几部电影也分析了一番并打上分，与新电影放到一起进行比较，如表 54.2 所示。

表 54.2 多部类似电影的特征表

	搞笑成分	武打片段	街头飞车	夜间片段	大团圆结局
《什么电影》	2	1	3	2	5
《坏人家族》	1	3	2	4	1
《非洲攻略》	3	1	2	1	3
《阿龙》	1	2	1	3	4

找到电影的这些特征，并且都打上分值，这个过程叫作特征抽取。要注意的是，特征不是随便抽取的，必须与要分类的电影紧密相关。另外，找来做对比的其他电影和新电影越类似越好。

这几部电影都和新电影比较像，而且已经得到了广大观众的认可，也早就各自归类了。现在，只要找到新电影和哪部电影最像，就把它归到同一个类别即可。

这种方法叫作 K 最近邻算法，简称 KNN 算法。我们把各方面特征和目标《什么电影》最像的电影称为最近的邻居。因为只用 3 部电影来解决问题，则称之为 3 最近邻。如果找到 K 部电影来帮忙，则称之为 K 最近邻，简称 KNN（K Nearest Neighbors）。

54.2 和哪部电影最像？分类

按小小的想法，新电影和哪部电影最相似，就把它归到那一类别。那么它到底和哪部电影最相似呢？一个最简单的办法是使用毕达哥拉斯公式来计算它们之间的距离，例如，《什么电影》和《坏人家族》的相似度为：

$$\sqrt{(2-1)^2+(1-3)^2+(3-2)^2+(2-4)^2+(5-1)^2}=5.0990195135927845$$

以同样的方法计算《什么电影》和其他几部电影的距离。我们用 Python 来做剩下的事吧。新建一个 Python 文件，保存为 C:\Workspace\Chapter54\classify.py，输入代码如下：

```
import math
#特征抽取
aim_film=[2,1,3,2,5]
sample_films_name=['《坏人家族》','《非洲攻略》','《阿龙》']
sample_films=[[1,3,2,4,1],[3,1,2,1,3],[1,2,1,3,4]]

#计算距离
dist=[]
```

```
min_dist=float('inf')
for row in sample_films:      #遍历其余电影样本
    sum_temp=0         #每行清零
    for i in range(len(row)):      #遍历每一条特征分
        sum_temp+=(aim_film[i]-row[i])**2      #求各项差的平方之和

    dist.append(math.sqrt(sum_temp))      #各样本与目标的距离

min_dist=min(dist)           #求最小距离
nearest=dist.index(min_dist)     #最近邻的下标

print("所有距离: ",dist)
print("最小距离为: ",min_dist)
print("最接近的电影为: ",sample_films_name[nearest])
```

这里需要用到 math 模块，所以先引入它。然后规定要归类的目标电影的特征值以及 3 个参考样本的各特征值。

接下来计算各样本与目标电影之间的距离，用毕达哥斯拉公式。使用变量 sum_temp 计算各个特征值差的平方和。然后使用 sqrt() 函数做平方根运算，得到每个样本电影与目标电影之间的距离，逐一存入列表 dist 中。

还需要使用 min() 函数求出 dist 中的最小值及其对应的下标。

运行程序，结果如图 54.1 所示。

图54.1　KNN分类

观众们公认《非洲攻略》是一部动作片，所以把《什么电影》也归类为动作片较为合适。这个例子的结果可能不准确，那是因为邻居太少，特征也选得不够多或者不够合适的缘故。不过，使用 KNN 算法进行分类的确是一个可行的方法！

54.3 做多少蛋糕才合适？回归

看完电影，小小要考虑为第二天准备多少蛋糕才最合适：少了不够卖，多了卖不完！他又想到了KNN。

首先，抽取一些特征，这些特征与销售状况息息相关：

- 是否节假日（是周末或节假日记为1，否则记为0）。
- 天气指数（天气非常好记为5，天气非常不好记为0）。
- 促销力度（促销力度很强记为5，不促销记为0）。

小小查阅了蛋糕店以往的一些销售数据，觉得可以将销售蛋糕的数量看成以上特征的函数：

$f(1,5,2)=280; f(1,1,1)=20; f(1,3,2)=210; f(0,4,4)=180; f(1,5,3)=320; f(0,3,0)=50;$

$f(1,2,1)=170; f(0,3,2)=150; f(0,1,1)=60; f(1,0,0)=10; f(1,3,5)=110; f(0,5,3)=205;$

明天周末，天气也还不错，而且打算做个明星促销活动，那么可以预测明天能卖出多少蛋糕吗？按小小的想法，这就是要求 $f(1,4,5)$ 等于多少啊。

怎么求呢？很简单，找出目标 $f(1,4,5)$ 的 K 个最近邻，看看它们各自都卖出了多少个蛋糕，取这些蛋糕销量的平均值就行了，这个办法就叫作回归（regression）。那么，开始预测明天的销量吧！

创建一个 Python 文件，命名为 knn_simple.py，将 KNN 算法写成函数，代码如下：

```python
import math

#找出最小值
def findSmallest(arr):
    smallest = arr[0]                    #先假设第一个元素是最小值
    smallest_index = 0                   #相应的，最小值的索引是0
    for i in range(1, len(arr)):         #遍历列表，从第2个元素开始
        if arr[i] < smallest:            #如果第i个元素比假设的最小值还要小
            smallest = arr[i]            #就让第i个元素当最小值
            smallest_index = i           #相应的，最小值的索引就是i
    return smallest_index

#计算距离
def knn(sample, aim, k):
    """返回k个aim的最近邻sample"""
    dist_list=[]                         #距离列表
    sample_value_list=[]                 #距离对应的样本值
    min_dist=float('inf')                #最小距离初始化
```

```
for row in sample:              #遍历样本
    #print(row)
    #求样本与目标的距离
    sum_temp=0        #每行距离初始化
    for i in range(len(aim)-1):                    #遍历样本每一条特征值
        sum_temp+=(aim[i]-row[i])**2               #求各项差的平方之和
        dist=math.sqrt(sum_temp)                   #样本与目标的距离
    dist_list.append(dist)                         #将每个样本与目标的距离添加到列表
    sample_value_list.append(row[len(aim)-1])     #每个距离对应的样本值

#求 k 个最近邻
knn_value_list=[]    #用于存放 k 个最近邻对应的样本值
knn_dist_list=[]
for j in range(len(dist_list)):
    smallest_index=findSmallest(dist_list)
    if k>0:
        #将从 sample_value_list 中弹出的对应元素添加到 knn_value_list 中
        knn_value_list.append(sample_value_list.pop(smallest_index))
        knn_dist_list.append(dist_list.pop(smallest_index))
        k-=1
return [knn_dist_list,knn_value_list]              #返回 k 个最近邻的距离和样本值
```

在代码中定义了两个函数。第一个函数 findSmallest()用于从给定的列表中找出最小值的索引。这段代码我们在前面的选择排序中用过,在此不再赘述。

第二个函数 knn()用于返回 k 个最近邻。它接受 3 个参数:

- sample,用于预测的样本集。这里将它设计成一个列表,每个元素又是一个子列表。每个子列表最后一个元素为样本的值,前面元素全部为抽取的特征值。例如,[1,5,2,280]即表示前面所说的 f(1,5,2)=280。
- aim,要预测的目标。同样也是一个列表,它的最后一个元素暂时记为 r,就是要求的回归值,在代码中其实不会用到它。其余元素为特征值。
- k,使用 k 个最近邻。

函数 knn 遍历了整个 sample,求出每个样本与目标 aim 的距离。并利用 findSmallest()函数,得到了需要的 k 个最近邻的距离和对应的样本值,将它们组合在一个列表中并返回。

接下来,新建一个 Python 文件,保存为 regression.py。在该程序中调用 knn 算法函数,来根据小小蛋糕店的样本数据进行回归计算。代码如下所示:

```
#引入 knn 算法
from knn_simple import knn
```

```python
#回归计算
def regression(knn_value):
    """knn 回归计算，knn_value 为 k 最近邻对应的样本值"""
    return sum(knn_value)/len(knn_value)

#目标特征值
aim=[1,4,5,'r']        #'r'表示待求的值
#样本特征值及样本值
sample=[[1,5,2,280],
        [1,1,1,20],
        [1,3,2,210],
        [0,4,4,360],
        [1,5,3,320],
        [0,3,0,50],
        [1,2,1,170],
        [0,3,2,150],
        [0,1,1,60],
        [1,0,0,10],
        [1,3,5,310],
        [0,5,3,205]]

nn=knn(sample,aim,5)
print('最近的5个距离: ',nn[0])
print('最近的5个距离对应的样本值: ',nn[1])
print('回归值: ',regression(nn[1]))
```

代码首先引入 knn 函数，然后定义一个用于计算平均值的 regression() 函数。需要为该函数传入 k 个最近邻所对应的样本值，然后返回它们的平均数。

接下来按照 knn() 函数的参数要求定义目标特征值 aim 和样本 sample，k 取 5。运行程序，结果如图 54.2 所示。

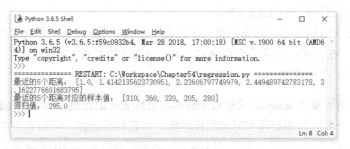

图 54.2　knn 回归

看见了吗？神奇的预测结果出来了，应该为明天准备 295 个蛋糕！

这就是 KNN 算法，使用它可以进行分类和回归操作。

附录 A
如何安装 Python

Python 是一门语言，但不是人类语言，而是计算机或程序语言。所以人类要使用它，首先需要一个人类与计算机之间的翻译——解释器。Python 解释器也是计算机程序，专门负责把人类写的 Python 源程序翻译成计算机能执行的二进制编码，它由 Python 官方提供。我们所说的安装 Python，其实就是安装 Python 官方提供的这个解释器。

第一步：下载

去 Python 官方网站下载安装程序，网址为 https://www.python.org/。官网首页如图 A.1 所示。

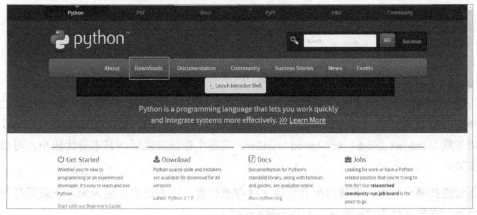

图 A.1　Python 官方网站

单击 Downloads 菜单，即可进入下载页，如图 A.2 所示。

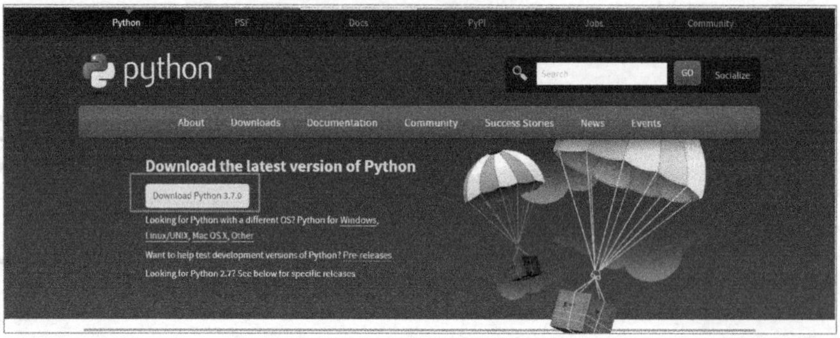

图A.2　Python下载页面

单击下载页面中的 Download Python 3.7.0 按钮，会打开最新的 Python 3.7.0 版本（版本会随时间过去继续升级）下载页面。页面上部有一些说明文字，将页面滚动到下部，会看到“Files”栏目，这里列出了所有可下载的文件链接，如图 A.3 所示。

Files

Version	Operating System	Description	MD5 Sum	File Size	GPG
Gzipped source tarball	Source release		41b6595deb4147a1ed517a7d9a580271	22745726	SIG
XZ compressed source tarball	Source release		eb8c2a6b1447d50813c02714af4681f3	16922100	SIG
macOS 64-bit/32-bit installer	Mac OS X	for Mac OS X 10.6 and later	ca3eb84092d0ff6d02e42f63a734338e	34274481	SIG
macOS 64-bit installer	Mac OS X	for OS X 10.9 and later	ae0717a02efea3b0eb34aadc680dc498	27651276	SIG
Windows help file	Windows		46562af86c2049dd0cc7680348180dca	8547689	SIG
Windows x86-64 embeddable zip file	Windows	for AMD64/EM64T/x64	cb8b4f0d979a36258f73ed541def10a5	6946082	SIG
Windows x86-64 executable installer	Windows	for AMD64/EM64T/x64	531c3fc821ce0a4107b6d2c6a129be3e	26262280	SIG
Windows x86-64 web-based installer	Windows	for AMD64/EM64T/x64	3cfdaf4c8d3b0475aaec12ba402d04d2	1327160	SIG
Windows x86 embeddable zip file	Windows		ed9a1c028c1e99f5323b9c20723d7d6f	6395982	SIG
Windows x86 executable installer	Windows		ebb6444c284c1447e902e87381afeff0	25506832	SIG
Windows x86 web-based installer	Windows		779c4085464eb3ee5b1a4fffd0eabca4	1298280	SIG

图A.3　Python 3.7.0所有版本的下载链接

根据自己的操作系统类型选择需要下载的文件。例如，笔者的计算机是 Windows 64 位，那就选择 Windows x86-64 executable installer，这是针对 Windows 的本地安装版。如果网速比较快，也可以下载 Windows x86-64 web-based installer，它是个在线安装版，其本身比较小，可以边下载边安装。

不管选择哪个版本，下载前注意看清文件存放位置。以本地安装版为例，下载后打开文件存放目录，安装文件为“python-3.7.0-amd64.exe”。

第二步：安装

双击安装文件 python-3.7.0-amd64.exe，在打开的窗口中单击"Install Now"开始安装。这将会把 Python 安装在默认的目录中，记住这个目录，后面会用，如图 A.4 所示。

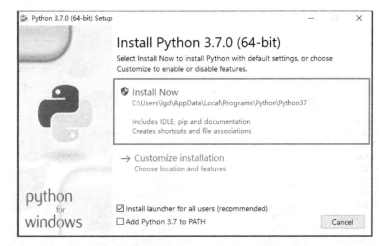

图 A.4　开始安装

如果你想把 Python 安装到其他目录，则可以选择"Customize installation"，然后按提示操作。这里，我们就安装到默认目录。稍等几分钟，安装完成后，会弹出图 A.5 所示窗口。

图 A.5　安装结束

单击 Close 按钮结束安装。

第三步：添加环境变量

首先，找到 Python 安装的目录，本机的安装目录如图 A.6 所示。使用鼠标单击地址栏，选中全部地址，然后按 Ctrl+C 快捷键，将地址复制到剪贴板。

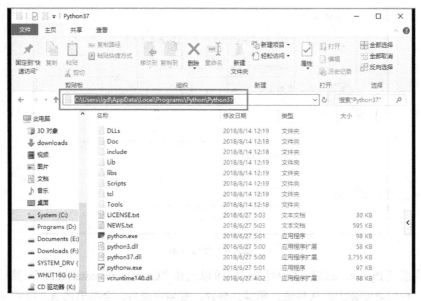

图A.6　Python的安装目录

接下来，使用鼠标右击"我的电脑"，选择"属性"，打开系统窗口，如图 A.7 所示。

图A.7　"系统"窗口

选择左侧的"高级系统设置"项,弹出"系统属性"窗口,单击该窗口下面的"环境变量"按钮,如图 A.8 所示。

图 A.8 "系统属性"窗口

在打开的"环境变量"窗口中,单击"系统变量"框下面的"新建"按钮,打开"新建系统变量"对话框,按照图 A.9 所示输入信息,完成后单击"确定"按钮。

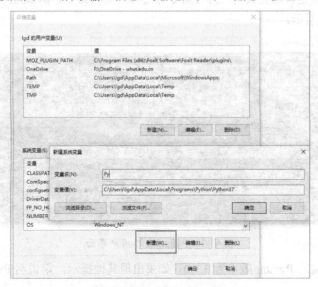

图 A.9 新建 Python 系统变量

然后，把这个系统变量添加到 Path 中。在列表框中找到 Path 项并双击它，打开编辑窗口，在其中添加%Py%条目，如图 A.10 所示。

图A.10　添加Python路径

一路单击"确定"按钮关闭所有窗口。至此，Python 的环境变量就配置完毕了。

为检查环境变量是否配置成功，打开命令行窗口，输入命令：python，进入 Python 文本用户界面，如图 A.11 所示。

图A.11　Python文本用户界面

可以看到所安装的 Python 版本为 3.7.0。如果出现其他提示，则说明 Python 的安装或环境变量配置有问题。